国外国防科技年度发展报告（2021）

化生放核防御领域科技发展报告

HUA SHENG FANG HE FANG YU LING YU KE JI FA ZHAN BAO GAO

军事科学院防化研究院

国防工業出版社

·北京·

图书在版编目（CIP）数据

化生放核防御领域科技发展报告/军事科学院防化研究院编著.—北京：国防工业出版社，2023.7

（国外国防科技年度发展报告.2021）

ISBN 978-7-118-12991-5

Ⅰ.①化… Ⅱ.①军… Ⅲ.①化学防护-科技发展-研究报告-世界-2021 ②生物防护-科技发展-研究报告-世界-2021 ③核防护-科技发展-研究报告-世界-2021 Ⅳ.①TJ9

中国国家版本馆 CIP 数据核字（2023）第117835号

化生放核防御领域科技发展报告

编　　者 军事科学院防化研究院
责任编辑 汪淳
出版发行 国防工业出版社
地　　址 北京市海淀区紫竹院南路23号　100048
印　　刷 北京龙世杰印刷有限公司
开　　本 710×1000　1/16
印　　张 12½
字　　数 136千字
版 印 次 2023年7月第1版第1次印刷
定　　价 88.00元

《化生放核防御领域科技发展报告》

编辑部

《化生放核防御领域科技发展报告》

审稿人员（按姓氏笔画排序）

习海玲　王　磊　方　勇　孔景临
朱安娜　李　军　李　昂　宋剑波
张　良　路　欣

撰稿人员（按姓氏笔画排序）

马温如　王　瑶　王馨博　孔景临
边飞龙　朱晓行　乔治宏　刘卫卫
闫灿灿　花　卉　李　凯　李　珊
李文文　李发明　李铁虎　陆　林
赵　钦　胡运立　胡俊丽　栗　丽
夏治强　高　寒　郭潇迪　黄　凰
商　冉　梁国杰　傅文翔　解本亮
滕　珺

编写说明

科学技术是军事发展中最活跃、最具革命性的因素，每一次重大科技进步和创新都会引起战争形态和作战方式的深刻变革。当前，以人工智能技术、网络信息技术、生物交叉技术、新材料技术等为代表的高新技术群迅猛发展，波及全球、涉及所有军事领域。智者，思于远虑。以美国为代表的西方军事强国着眼争夺未来战场的战略主动权，积极推进高投入、高风险、高回报的前沿科技创新，大力发展能够大幅提升军事能力优势的颠覆性技术。

为帮助广大读者全面、深入了解国外国防科技发展的最新动向，我们以开放、包容、协作、共享的理念，组织国内科技信息研究机构共同开展世界主要国家国防科技发展跟踪研究，并在此基础上共同编撰了《国外国防科技年度发展报告》(2021)。该系列报告旨在通过跟踪研究世界军事强国国防科技发展态势，理清发展方向和重点，形成一批具有参考使用价值的研究成果，希冀能为实现创新超越提供有力的科技信息支撑。

由于编写时间仓促，且受信息来源、研究经验和编写能力所限，疏漏和不当之处在所难免，敬请广大读者批评指正。

军事科学院军事科学信息研究中心

2022 年 4 月

前　言

近年来，随着国际局势的深刻变化以及新兴前沿科技的助推诱发，全球化生放核（化学、生物、放射、核，Chemical，Biological，Radiological and Nuclear，CBRN）威胁愈显严峻复杂。主要国家把化生放核防御列为战略安全优先事项，紧前防范、控局备战，有力推动了领域科技的快速创新发展，涌现出许多新理念、新成果。

为帮助读者及时、准确、全面了解 2021 年度化生放核防御领域科技发展情况和前沿热点，军事科学院防化研究院组织编写了《化生放核防御领域科技发展报告》(2021)。本书由综合动向分析、重要专题分析和附录三部分组成，内容涉及世界主要国家战略政策解析、新技术进展、新材料研究、军控履约、热点事件评述以及其他关联领域发展近况等众多方面。附录部分记录了 2021 年化生放核防御领域十大进展、重大事件、重要战略政策、重大项目等。

本书由化生放核防御领域数十位专家共同完成。在此，向所有参编单位和专家表示衷心的感谢。受信息来源、研究深度和编写能力所限，错误和疏漏之处在所难免，敬请广大读者批评指正。

编者

2022 年 5 月

目　录

综合动向分析

重要专题分析

附录

ZONG HE

DONG XIANG FEN XI

综合动向分析

2021 年化生放核防御领域科技发展综述

2021 年，化生放核防御技术领域亮点突出，自主式探测技术、无人智能化技术、防护洗消新功能材料成为年度研发热点，同时，围绕抗击新冠疫情，新方法、新理念、新技术不断涌现，在防控处置中发挥了重要作用。

一、各国重视应对化生放核威胁，布局加强防御能力建设

随着世界多极化竞争日趋激烈和新科技革命的助推诱发，影响国家安全的不稳定、不确定因素逐渐增多，化生放核安全面临严峻挑战。为此，世界主要国家不断出台高层级战略，以巩固和加强化生放核国土防御。

2021 年 3 月，美国总统拜登签署《重塑美国优势——国家安全战略临时指南》，强调指出核武器和其他大规模杀伤性武器在某种程度上已是既成威胁，科技的进步和融合加剧了美国及其盟国遭遇生化袭击的风险，美必须以新方式保障国家核心利益。同月，美国陆军发表首部《陆军生物防御战略》。美国陆军是美国国防部化学生物防御计划（Chemical and Biological

Defense Program，CBDP）的执行主体，该战略将生物防御从原来的专业兵力担负转变为全员覆盖；战略指出，美国陆军将通过丰富生物防御相关知识、增强态势感知能力、推进生物防御作战现代化建设、保持战备等途径，为复杂生物威胁环境下的多域作战、大规模作战行动提供支撑。

3 月，英国发布新版安全与战略评估报告——《竞争时代的全球化英国：安全、国防、发展与外交政策评估》。报告预判 2030 年前英国“很可能”会遭遇一次真正的化生放核危机，强调英国将通过科技创新，寻求在关键和新兴技术领域发挥主导作用，以应对核生化武器、先进的常规武器和新型军事技术扩散带来的“系统化”威胁。

新冠疫情凸显了人类在抵御生物威胁方面的脆弱性，世界主要国家积极总结经验教训，思谋加强生物安全能力建设。2021 年 1 月，美国高端智库“生物防御两党委员”发布《阿波罗生物防御计划：战胜生物威胁》报告，呼吁政府紧急实施“阿波罗生物防御计划”，制定《国家生物防御科技战略》，重点发展疫苗、药物、诊断、监测、抑制传播、新一代防护装备等 15 项关键技术，并建议每年投入 100 亿美元，力争 2030 年前结束大流行病时代。

二、化生放核威胁多元多变，各国加紧发展更具弹性、适应性和功能集成的侦察手段

（一）人工智能、大数据技术赋能提升化生放核综合预警能力

2021 年 2 月，“欧洲改进型辐射危害探测与鉴定系统”（EU – RADION，图 1）完成了样机设计和开发工作。EU – RADION 是欧盟“地平线 2020”研究与创新计划资助项目。该系统基于地面无人车蜂群概念，旨在利用机

器学习、建模算法和多种检测技术开发新型传感器网络，以评估辐射和放射性物质扩散情况并确认潜在辐射源。

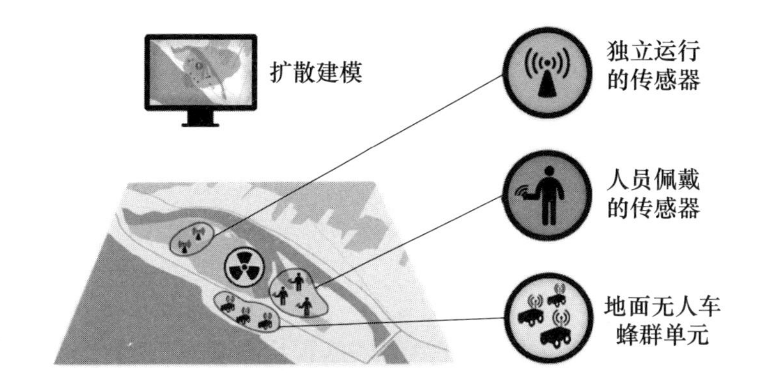

图 1　EU－RADION 示意图

2021 年，美国国防高级研究计划局（DARPA）“西格玛＋”项目继续开展化生放核爆探测器研发和集成试验。6 月，项目组向英国克罗梅克公司签授合同，研制空气中病原体广谱检测系统。10 月，项目组与美国印第安纳波利斯大都会警察局合作开展了为期3 个月的新型化生放核传感器试验研究。试验收集的环境数据，为下一步建立城市化学、生物自然本底特征数据库提供支撑，通过数据反馈和算法修正，还可提高检测精度，减少误报率。

12 月，美国国防部用“宇宙神”5 型火箭将“空间测试计划 6 号卫星”（STPSat－6，图 2）送入地球同步静止轨道。STPSat－6 搭载了“空间与大气层爆炸报告系统－3”“空间和大气层内核爆炸探测监视实验和降低风险系统”两种核爆监测载荷。卫星入轨后，可 24 小时不间断监视全球重点、热点区域的大气层和空间核爆炸，大幅提高美国核威慑及作战能力。

(a) 卫星模拟形态

(b) 系统组件

图 2　STPSat－6 试验卫星模拟形态及系统组件

（二）无人系统在化生放核防护领域展现出广阔应用前景

化生放核防护加速走向无人化，无人机、机器人正被广泛用于执行辐射监测、化生侦察、后果处置等各项任务。

自 2020 年以来，美国陆军、海军、空军累计耗资 1.7 亿余美元，订购了近 1300 多台“半人马”机器人（图 3）。“半人马”是一款中型无人地面车辆，可搭载多种传感器和有效载荷，带有光电/红外摄像头，能够远距离执行化生放核爆探测和处置任务。

图 3　“半人马”机器人

2021 年，美军斥资 7000 余万美元采购 MUVE C360 多种气体探测无人系统（图 4）。该系统配有光电离检测器和电化学传感器，能够远距离实时连续监测化学危害，为后续行动提供信息支撑。

图 4　MUVE C360 多种气体探测无人系统

2021 年 1 月，英国国防科学技术实验室全自动机器人样机成功试用于执行化学侦察任务。这款名为“梅林”的机器人由英国国防部和内政部资助开发，通过嵌入人工智能技术，可在复杂环境中自主探查化学污染情况、标识危险区域并确定通行路径。

据塔斯社 2021 年 1 月 2 日报道，俄罗斯正研发用于辐射、化学和生物防护的多功能机器人系统（含地面机器人平台和无人机），该系统既能够执行化生放核侦察任务，也可用于敌使用大规模杀伤性武器后的危害消除。

（三）小型、轻量、可穿戴化生放核探测技术成为重要发展方向

2021 年 6 月，美国国土安全部签授 650 万美元的订单，采购新型背包式辐射探测设备“识别器 R700”（图 5）。R700 采用先进的光谱算法和探测技术，能以更高的灵敏度和更快的速度执行广域辐射监测任务。尤其在交通枢纽、大型集会或公共活动中，背包式设计可以隐蔽搜寻“脏弹”等放射性威胁而不会引发恐慌。该探测器获评美国 2021 年度“阿斯特”国土安全奖。

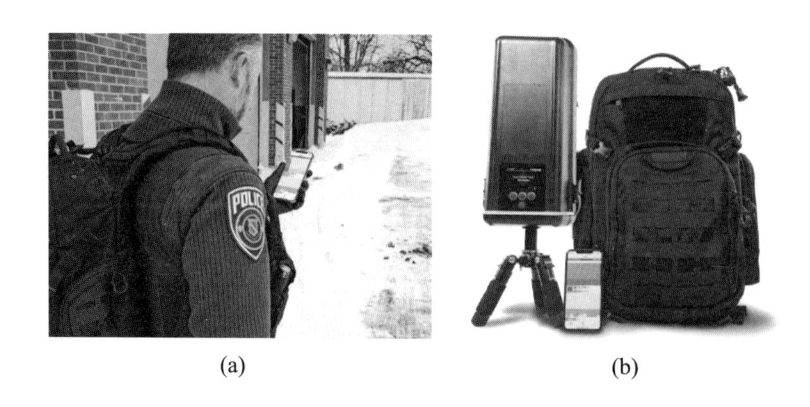

(a)　　(b)

图 5　识别器 R700

2021 年 9 月，在伦敦国际防务展上，D5 手持式放射性同位素识别仪（RIID，图 6）引发关注。该设备由 DARPA、美国国防威胁降低局、国土安全部与英国克罗梅克公司联合开发。D5 内置有范围广、可扩展的放射性同位素库，能够连续扫描并实时联网传输探测结果。据称，它是迄今为止体积和质量最小、最准确的可穿戴辐射探测器。

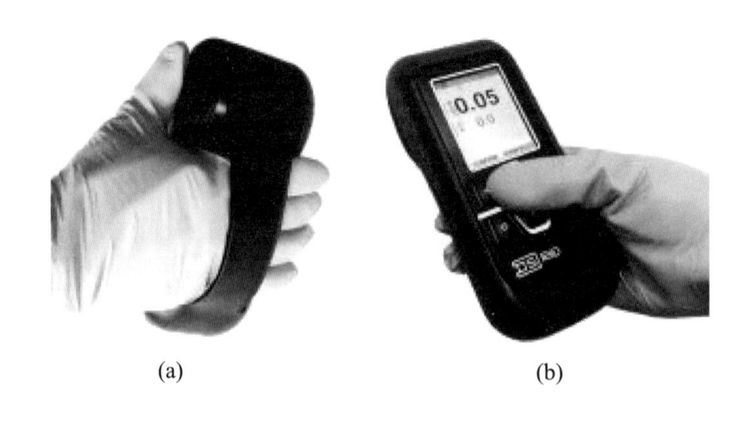

(a)　　(b)

图 6　D5 手持式放射性同位素识别仪

2021年6月，美国国防部“袖珍型蒸气化学毒剂探测器”（Compact Vapor Chemical Agent Detector，CVCAD）项目签授合同，将为美军研发首款可穿戴化学探测器。该传感器有望为作战人员提供化学威胁即时感知能力，除人员佩戴外还能集成到无人飞行系统上执行远程侦察任务。同期，美国国防部化生放核防护联合项目执行办公室签授1900万美元合同，对美军徒步侦察套件、工具箱和配套装备（Dismounted Reconnaissance Sets，Kits and Outfits，DR SKO，图7）进行现代化改造。DR SKO主要由手持或便携式检测器组成。此次升级将通过构建战术传感器自组织网络实现功能集成，同时还将在模块化和降低后勤负担方面有新突破。

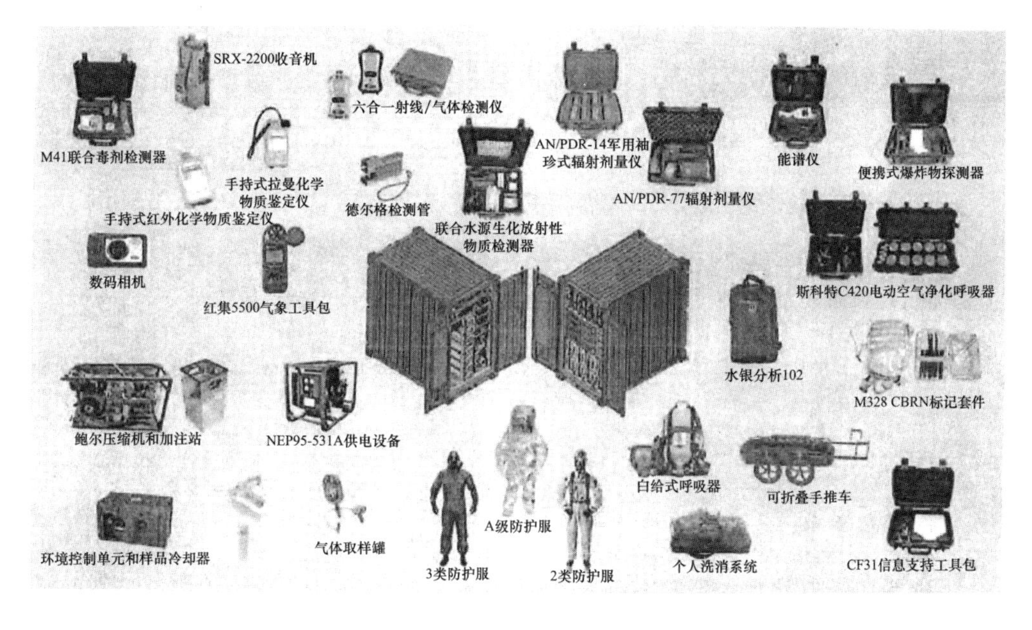

图7 美军徒步侦察套件、工具箱和配套装备

便携、易用的化生威胁早期诊断装备是提高人员生存能力的重要保障。2021年5月，美国陆军化学防御医学研究所研制出化学危害野战诊断系统（ChemDxTest System）。该系统借鉴糖尿病患者监测其血糖水平相关技术，

可在症状显现前确认人员是否沾染了神经性毒剂，以便及早采取对策，减少人员伤亡。

三、适应联合作战需求，长效、轻便、智能型防护技术成为研发热点

近年来，化生放核事件频发多发、危害深远，各国积极开展自探测、自消除、集成分层式防护技术研究，力求实现主动、高效防护。

（一）注重前瞻科技创新，发展自探测自消杀防护材料

2021 年 3 月，DARPA 启动“个性化防护生物系统”（Personalized Protective Biosystem，PPB）研究。该项目将综合利用新颖轻质防护材料与新兴预防性医学技术，研制可自主探测并降减化生危害的智能防御系统，能够阻隔至少 11 种生化威胁，从而提高部队在生化环境下生存和作战能力。

金属有机骨架（MOF）类纳米材料具有多孔结构、较大的比表面积以及强吸附性等优势，成为防护材料领域的研究热点。美国陆军研究办公室、美国国防部国防威胁降低局、西北大学等机构合作研发了一款基于 MOF 的多功能复合材料。科研人员在 MOF 空腔中填充可以消除有毒化学物质、灭活病毒和细菌的催化剂，然后与聚酯纤维复合，制成了一种新型织物。该织物能够快速杀灭新冠病毒、大肠杆菌、金黄色葡萄球菌，负载的活性氯可高效降解芥子气，且透气性好。

美国西北大学研制出一种多孔黑色素材料（图 8、图 9）。黑色素在吸收或阻止毒素等有害物质侵入的同时可以让空气、水等有益成分通过。该材料可吸收或阻隔毒素、病菌、辐射等多种危害，有望在透气性防护涂层方面有所建树。

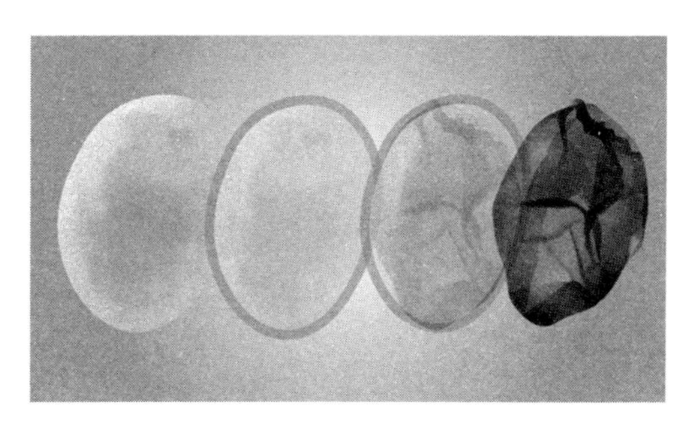

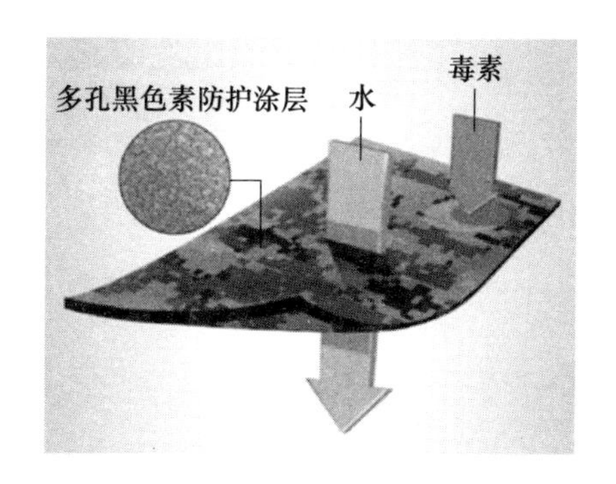

图 8　通过内部蚀刻法制备的黑色素材料

图 9 多孔黑色素防护涂层

（二）兼顾实用性与舒适性，推进化生放核防护技术提质增效

化生放核事件突发性和不确定性强，对作战部队的即时防护能力提出了更高要求，长效、舒适、轻便成为防护技术研发的重要目标。

2021 年 5 月，美国国防部对升级版新型制式综合防护装具（Uniform Integrated Protection Ensemble，UIPE，图 10）的空勤系统进行了测试。该系统包括两件式碳基防护内衣、手套、防毒面具等组件。相较于现役的生化防护飞行服，新系统采用选择性渗透材料，可使水汽逸出，有效降低了热负荷或热损伤，且质量更小、灵活度更高、贴合感更强，机组人员能够更长时间穿着。美军计划 2024 财年完成系统验证并列装。

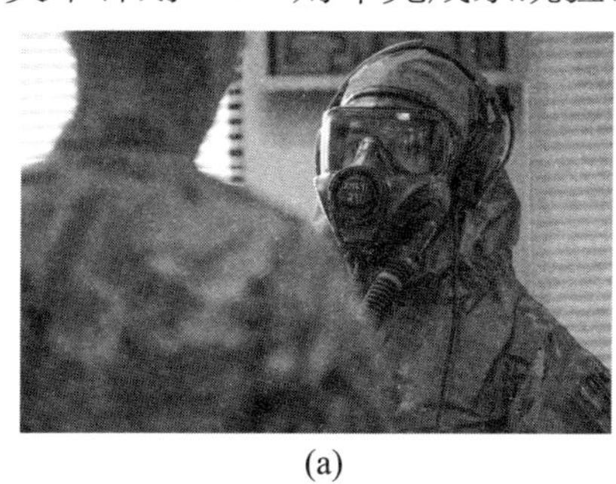
(a)

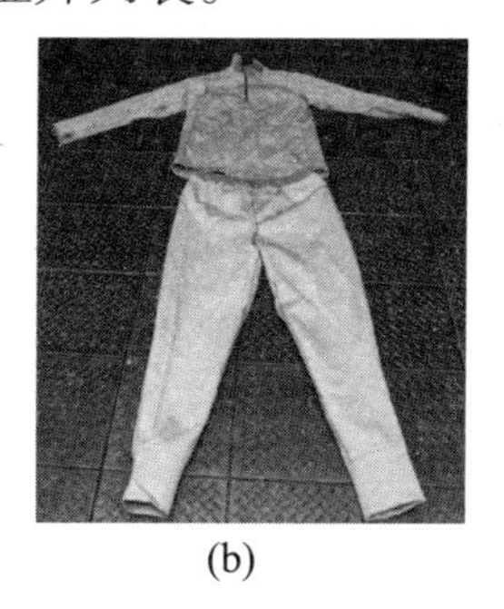
(b)

图 10　新型制式综合防护装具

为应对日益复杂的化生放核威胁，俄军研制出兼具防弹功能的头盔式防毒面具。新面具由纳米材料制成，并使用了三种吸附滤芯以应对不同的化生放核威胁，不仅能够保护头面部与呼吸器官免受有毒物质、放射性粉尘和生物战剂的侵害，还可以防范子弹、弹片杀伤人体。模块化设计便于快速更换故障过滤器。未来有望取代现役的呼吸防护装备。

雅芳防护（Avon Protection）公司推出了一款超薄型逃生头罩（图 11），能提供至少 15 分钟的呼吸器官和面部防护。据称，这是该公司迄今为止所研制的最轻巧的化生放核防护设备，便于随身携带和快速部署。

图 11　化生放核逃生头罩

四、新冠疫情绵延反复，各国协同发力、全链条构筑安全防线

新冠大流行对科技创新提出了强劲需求，在聚力开展疫苗、药物研究

的同时，各国加速推进检测、防护、消毒等技术创新，着力提升新冠肺炎预警防控能力。

（一）新冠病毒蔓延态势推动生物监测技术新发展

高灵敏度、高特异性生物监测技术对阻断疫情传播至关重要。各国积极研发能够检测空气、废水中新冠病毒的技术，以便有针对性地采取核酸检测、隔离、消毒等措施。

2021 年 1 月，美国史密斯探测公司开发的生物识别仪经美国陆军传染病医学研究所测试，能够在数分钟内检出空气中的低浓度新冠病毒。3 月 DARPA 签授合同，资助开发一款可探测空气中新冠病毒的传感器。该传感器将采用基于电子学的病原体实时识别技术和石墨烯基生物门控晶体管，能够近乎实时地检测空气中的新冠病毒。7 月，美国麻省理工学院、新加坡南洋理工大学等单位合作开发了一种新型开源分子检测方法，可用于快速、廉价监测废水中的新冠病毒及其变体。9 月，英国克罗梅克公司的自动病原体扫描仪亮相国际防务展。该扫描仪有 AS 和 AT 两个型号，AS 可早期识别所有空气传播的病原体，AT 专用于新冠病毒。其中 AT 利用靶向分子检测技术，通过基因鉴定确认空气中是否存在新冠病毒及其变异毒株。

受美国国防部国防威胁降低局资助，麻省理工学院和哈佛大学的科学家利用合成生物学技术与柔性纺织品，开发了一款嵌有生物传感器的诊断型口罩（图 12），激活后大约 90 分钟内就能检测出佩戴者是否感染了新冠病毒。这种方式弥补了传统的仪器诊断模式，对及时控制疫情蔓延和疾病治疗大有裨益。

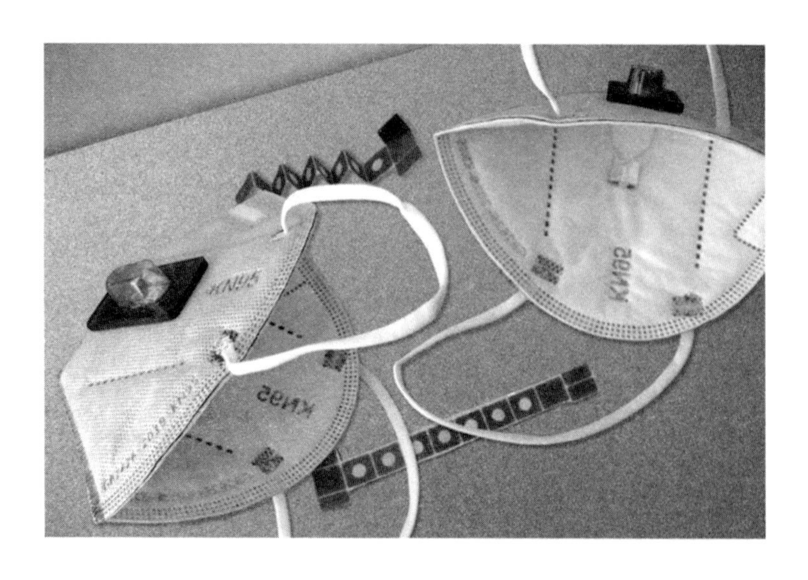

图 12　能检测新冠病毒的口罩

（二）可重复使用、环境友好、成本适宜、兼具安全性和舒适性的新型防护技术成为攻关重点

新冠大流行使口罩、防护服等一次性防护装备消耗量暴涨，既造成了巨大浪费，还会污染环境，发展新型防护技术迫在眉睫。

2021 年 8 月，英国 BAE 系统公司借助 3D 打印技术快速研发出一款医用防护头罩。其新型空气歧管系统有特殊降噪功能，能够提供连续的清洁过滤空气，大尺寸全脸型面板可显著降低“雾化”，视野更为清晰开阔，便于医护人员和患者沟通交流。新款头罩价格低廉、舒适度好、易于清洁，被认为是一款改变游戏规则的个人防护装备。

新加坡南洋理工大学开发了一款带有杀菌功能并可重复使用的口罩。该口罩有两种关键成分：由氧化铜纳米粒子制成的抗菌涂层，以及具有静电特性的无纺布过滤层。过滤层利用静电能捕获微生物，氧化铜纳米粒子则可以破坏细菌细胞结构的 DNA。据称，该口罩可以过滤 99.9% 的细菌、病毒和颗粒物，比医用 N95 口罩更有效，且洗涤 100 余次后，抗菌效力几乎没有损耗。

（三）新冠疫情加剧了对安全、高效、持久型消毒技术的需求

消毒是疫情防控至关重要的一环，面对异常艰巨的消毒任务，自清洁涂层、紫外线等技术受到各国重视。

2021 年 3 月，美国国防部向得克萨斯生物医学研究所签授了两份总额 460 万美元的合同，用于评估沸石涂层和过氧化氢雾化消毒技术在对抗新冠病毒等呼吸道病原体方面的功效。

美国国土安全部资助企业测试纯工业级活性成分和配方活性成分对新冠病毒的消杀效力，验证其替代酒精溶液用作洗手液和物体表面消毒剂的可行性。

美国海军陆战队、海军医院、空军基地等采购“雷击杀菌机器人”（Light Strike Germ－Zapping Robots，图 13）抗击新冠病毒。该机器人利用脉冲氙气紫外线灯，产生高强度广谱紫外线，可对大空间进行快速消毒。

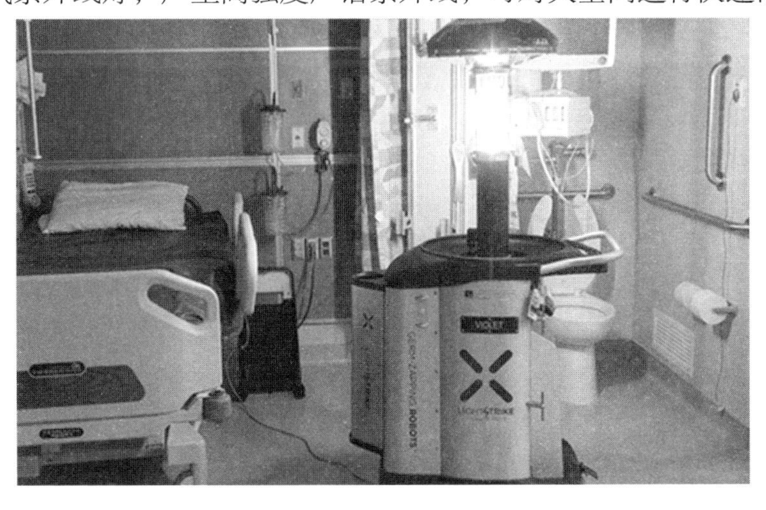

图 13　“雷击”杀菌机器人

日本立邦涂料控股株式会社与东京大学联合开发了一种抗病毒纳米光催化剂（图 14），并利用该催化剂制备出高性能涂料和喷雾剂，测试表明可有效抑制新冠病毒及其阿尔法变种。

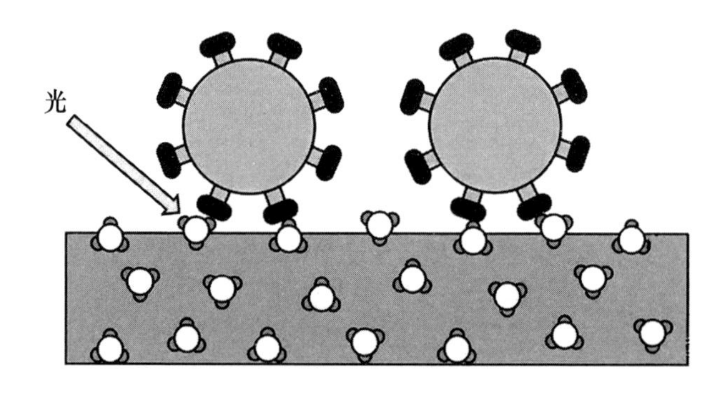

图 14　抗病毒纳米光催化剂

（军事科学院防化研究院　滕珺　李文文　赵钦　解本亮
李铁虎　花卉　李发明　黄凰　商冉）

2021 年世界核生化威胁形势分析

2021 年，核军控领域危机四伏，核裁军、防扩散、地区核热点等问题仍在持续发酵。化武军控领域喜忧参半，化学武器销毁任务继续推进，但在某些地区冲突中仍不乏化学武器的身影。生物威胁形势更趋严峻复杂，新兴生物技术军事化倾向明显，新冠疫情依然没有停止的迹象。在国际战略格局深刻重塑、战略力量此消彼长、国家和地区不断爆发各类冲突的总体形势下，核生化现实威胁愈显严峻。

一、核威胁形势

当前，面对世界安全局势的不断变化，核武器作为世界强国之间相互制衡与博弈的战略杀器，其作用愈加明显。

（一）突出实战威慑，核军备竞赛持续焦灼

2021 年 6 月，瑞典斯德哥尔摩国际和平研究所发布《2021 年 SIPRI 年鉴》，认为，尽管核弹头的数量总体上有所减少，但目前部署在作战部队中的核武器数量据估计已从 2020 年的 3720 件增加到 3825 件，其中大约 2000 件处于高度作战警戒状态，几乎所有这些核武器都属于俄罗斯与美国（图 1）。

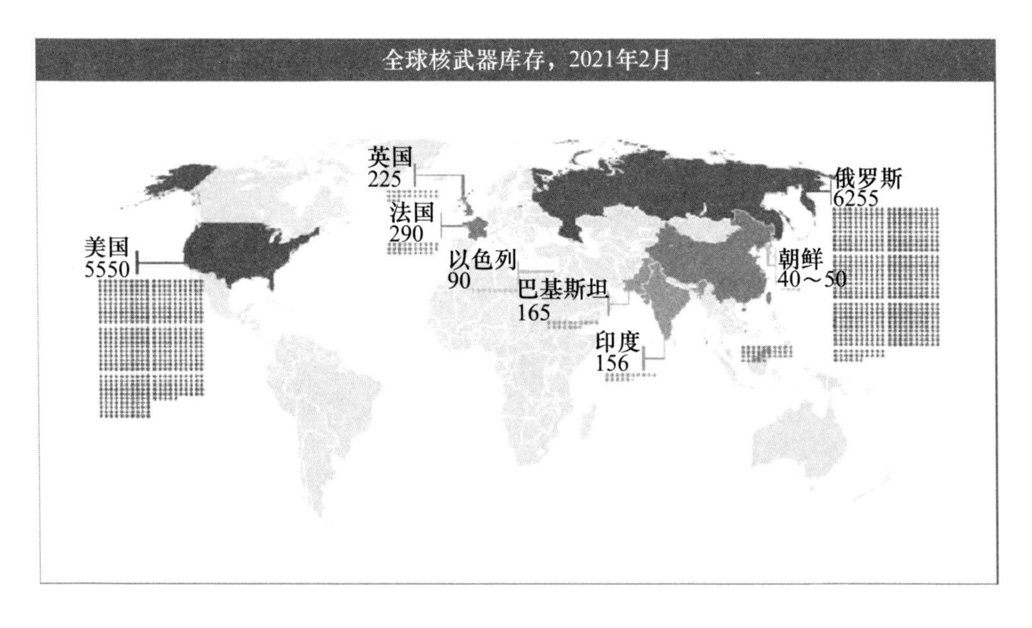

图 1　2021 年 2 月全球核弹头数量，引自《2021 年 SIPRI 年鉴》

美俄加快核武器现代化建设，进一步增强核威慑的有效性。美俄正在从核武器数量和技术指标上的较量，逐步向角逐核实战化能力迈进。尤其是美国加紧研发并列装新型战术核武器，为强化威慑提供更多选项。2018—2020 年，美国密集进行了一系列新型核武器试验，B61 -12 核炸弹、W76 -2 核弹头及新型核钻地弹等频繁亮相，对世界和平造成巨大现实威胁。美国还发展常规型钻地弹和核钻地弹。2021 年 10 月，美国空军使用 F -15E“攻击鹰”首次测试质量约 2. 27 吨新型 GBU -72 钻地制导炸弹。2021 年 7 月，美国完成了导弹精密电子传感器安装部署工作，可更精准计算核弹道导弹的最佳引爆时间。新引信装置已被安装在数百枚威力巨大的美国海军核潜艇导弹上。据估计，这将使美国潜艇舰队的破坏力增强约 1 倍。

为全面推进核现代化建设，美国相应增加了未来 10 年的核力量预算经费。2021 年 5 月，美国国会预算局（CBO）发布《2021 年至 2030 年美国核力量支出预测》报告，CBO 预计美国 2021 年至 2030 年核力量将支出 6340 亿美元，此次支出较此前 10 年增长了 1400 亿美元（28%），增加支出主要用于建造和维护弹道导弹核潜艇、洲际弹道导弹、轰炸机、新型海上发射巡航导弹、天基持久红外系统和新型预警卫星系统等项目。

俄罗斯继续强化“三位一体”核力量。2021 年，俄罗斯在新西伯利亚、下诺夫哥罗德、科泽利斯克和捷伊科沃四个地点完成了新型战略导弹所需的基础设施建设。未来将用于部署“萨尔马特”“先锋”等新型战略导弹系统。6 月 25 日，世界上最大的核潜艇——“别尔哥罗德”号核潜艇进行首次海试，“别尔哥罗德”专门用于运载“波塞冬”无人驾驶潜航器。此次海试标志着其国家试航已进入最后阶段。

此外，世界主要涉核国家对核武器的控制明显放松，“联合全面行动计划”失败，一系列事件给全球降低核武器扩散的现实努力带来冲击。

（二）美西方不断调整核战略重心实现多维制衡

美国为确保其在全球事务中的绝对优势，维持地缘霸主地位，其力量中心逐步向亚太、印太转移。2021 年 9 月，美英澳组建名为“奥库斯”（AUKUS）的三边安全联盟，宣称美英将支持无核国家澳大利亚打造核潜艇舰队。美俄核战略也影响和刺激他国核政策做出“激进性”调整。2021 年 3 月，英国发布新版安全战略评估报告，明确核弹头存量上限将从 180 枚提至 260 枚，并宣布不再履行公布“核弹头储备、已部署弹头或已部署导弹编号等公开数据”义务。2021 年“朝核问题”出现转机，但其未来走向仍存在诸多不确定。

（三）非传统核威胁与核安全问题凸显

随着核技术的普及、核黑市的发展、核电的复兴，以及“事实核国家”的出现，世界范围内发生核事件的概率和频率不断增大。核反应堆或核废料储存设施受袭的可能性上升，核恐怖事件的现实威胁增加，由自然灾害引发的次生核事件也走向现实。时隔十年，福岛核污水处理问题仍未解决。2021 年 4 月 13 日，日本政府正式决定，福岛第一核电站核污水经过滤并稀释后将排入大海。此举遭到国际社会的普遍反对，但日本仍一意孤行。东京电力公司计划修建核废水排放设施，预计 2023 年初建成并开始排放。

二、化学威胁形势

（一）化武袭击事件时有发生

近年来，化学武器在局部战争、恐怖活动中一再亮相。2021 年，俄罗斯驻叙利亚冲突各方调解中心曾多次表示，根据情报部门获得的消息，恐怖分子欲在叙利亚东北部伊德利卜省导演“假旗”（假化学武器袭击）行动，并准备栽赃嫁祸叙利亚政府军。俄罗斯情报部门称武装分子已将装有氯气的化学品集装箱运送至塔马宁定居点。

（二）新技术可能催生新型化学武器和袭击手段

新兴技术和颠覆性技术正对大规模杀伤性武器的开发、获取和使用产生影响。随着科技的进步，未来化学武器的能力可能更强、低致死或非致死性能更为可靠，其杀伤原理和机制可能超出目前认知。但这些技术还不够成熟，很难通过国际协议加以控制，这给防御此类新技术产生的危害造成了极大困难。

禁止化学武器组织（OPCW）认为，战场使用传统化学武器的可能性正在降低，精确灵巧制导技术、远程非接触作战、无人化等作战模式和搭载平台为化学武器使用提供了新潜力。利用无人机携带化学毒剂实施精确、快速打击或借助网络/电磁技术袭击化工设施引发“类化学战”效应成为新威胁。这些技术的不断涌现和发展使战场化学威胁更趋于多元化，目标更难锁定，防御更为困难。

美国开展了“加速分子发现”（Accelerated Molecular Discovery，AMD）、“万能药”（Panacea）、“智能制造”（Make - It）等一系列项目，企图利用人工智能、生化信息学、合成生物学等前沿技术实现突袭。

三、生物威胁形势

（一）争夺生物科技高地，谋求生物战略威慑

生物技术的战略威慑作用日渐凸显。美国一方面极力阻挠重启《禁止生物武器公约》核查议定书谈判；另一方面高举生物防御大旗，发展基因编辑、靶向治疗和合成生物学等先进技术，并在俄罗斯等多国搜集人类遗传学资源。继 2003 年非典疫情、2018 年非洲猪瘟、2019 年“超级真菌”感染病例以及持续至今的新冠疫情之后，2021 年哈萨克斯坦的牲畜意外成群死亡，舆论直指美国在附近设置的军事生物实验室。一系列晦暗不明的生物事件引发人们对“隐秘生物战争”的担忧。

（二）生物恐怖威胁及生物安全管理问题受到持续关注

自“9 · 11”以来，美国频繁发生“毒邮”事件。2021 年，欧洲刑警组织发布《2020 年度欧盟恐怖主义形式和趋势报告》（TE - SAT），认为尽管 2019—2020 年，欧盟成员国未记录到有使用化生放核材料的恐怖袭击事件，但蓖麻等易得生物剂依然是恐怖分子发动袭击的首选毒素。同时，新

冠病毒也可能成为恐怖分子利用的工具。目前，国际生物军控领域已明确将防生物武器扩散重心从传统的国家主体向非国家行为体转移。2021 年 2 月，美国国家情报大学专家发布《大规模杀伤性武器的未来（更新版）》报告，认为，未来生物武器的扩散可能更加难以预防，国家和非国家行为体更容易获得化学和生物武器。

生物安全管理问题也是引发生物安全事件的因素之一。2021 年 11 月，在美国一知名药企实验室发现疑似存有天花和牛痘病毒的 15 个小瓶。按照有关国际协议，全球仅有两个实验室还有少量天花病毒样本存放，分别是美国疾控中心位于亚特兰大的实验室，以及位于西伯利亚的俄罗斯国家病毒学和生物技术研究中心。该药企存有违禁病毒样本暴露出美国生物安全监管方面的漏洞。美国科学政策办公室的数据显示，近 20 年间，人为错误在美国生物安全三级实验室事件中占比为 79.3%，这些实验室的任务之一就是研究可通过呼吸道传播导致严重甚至致命疾病的微生物，人为错误引起的事故一旦失控，后果不堪设想。

（三）两用生物技术发展充满风险挑战

基因编辑、合成生物学等前沿技术正在颠覆传统生物学研究范式，产生积极效应的同时，其滥用和谬用所带来的生物安全问题也逐渐成为关注焦点。2021 年 1 月，美国西点军校生化专家就其发表的论文《工程病原体和非自然生物武器：合成生物学的未来威胁》接受采访时指出，DNA 重组、基因编辑等合成生物学技术的快速发展与扩散，降低了修改病原体、制造工程生物武器的门槛，正导致一场可与原子弹发展相匹敌、影响威胁态势的科学革命，利用工程病原体制造生物武器形成不对称威胁持续增大，应高度重视并重新评估合成生物学发展带来的生物武器威胁。更令人担忧的是，此类技术降低了生物武器设计开发和工程制造的门槛，致使生物技术大国、非国家行为体、生物黑客、“自助型生物学家”等群体定制、设计、开发和部署生物武器的能力大大增强。例如，低门槛让游走于严肃科学之外的“生物极客”群体不断壮大。这类群体缺乏科学和系统的训练，他们只需花费较低价钱就可获得 CRISPR 试剂盒等工具，利用这种试剂盒可以进行小到操纵细菌和酵母基因，大到修饰人体基因的试验。由此引发的连锁反应恐会超脱人为控制能力，或将衍生出无法想象的生物灾难。基于此，美国情报部门提出将合成生物学、基因技术列入大规模杀伤性武器计划，同时，美国国防部也资助开展了一系列聚焦基因编辑、分子设计等相关研究项目。

四、结束语

核生化等大规模杀伤性武器战略等级高、毁伤威力大、政治敏感性强，世界大国及非国家行为体对发展这类武器均表现出深切关注和浓厚兴趣。与此同时，科学技术的进步双重作用于核生化领域，也给防御核生化威胁带来巨大挑战。为此需要高度警惕核生化威胁的变化和演进，前瞻性做好分析预判，力求未雨绸缪、防患未然。

（军事科学院防化研究院　滕珺　赵钦　解本亮　黄凰　李文文）

ZHONG YAO

ZHUAN TI FEN XI

重要专题分析

美国新版核预算分析与启示

2021 年 5 月 24 日，美国国会预算办公室（CBO）发布了最新版核预算报告，该报告包含了对 2021—2030 年 10 年间核经费预算的估测。根据美国法律规定，美国国会预算办公室必须每两年对未来 10 年的核力量建设经费进行估算。通过解读新版核预算报告，可以一窥美国核武器核力量发展之端倪，并从中得出一些思考与启示。

一、发布背景

核武器自第二次世界大战诞生以来，一直是美国国家安全的重要组成部分。冷战期间，核力量一度居于美国国防政策的核心位置，并为此建立了庞大的核武库。但是冷战结束后，核力量在国防政策中的地位逐渐居于常规武器之下，美国多年来未建造新的核武器或运载系统，而是选择维持或延长现有装备的预期寿命。到目前为止，美国的核武器大多已接近服役年限，一些运载系统可能无法进一步延长使用寿命。

美国核力量包括弹道导弹核潜艇、陆基洲际弹道导弹、远程战略轰炸机、短程载弹战术飞机以及上述运载系统所携带的核弹头（图1）。在接下来的20年中，美国想要继续部署这些战斗部系统，就需要对其进行翻新或替换。

未来几年，国会将需要就美国未来应部署哪些核力量，以及在多大程度上推进核力量现代化作出决策。普遍认为，拜登政府将对核态势进行重新评估，以确定核政策和核力量走向。

图1　美国核力量

为帮助国会就美国核力量建设做出决定，《2013 财年国防授权法案》（第112－239号公法）要求CBO对所有核力量今后10年的运营、维护及现代化改造成本进行估算。CBO随即作出回应，发布了《2014—2023年美国核力量预计成本》。之后《2015 财年国防授权法案》（第113－291号公法）

要求 CBO 每两年更新经费估测。本报告是第四次更新。此外，2017 年 10 月，CBO 还根据现有核计划和各种现代化成本管理方法对未来 30 年美国核力量建设经费进行了估算并公开发布。

二、新版美国核力量经费估算的主要内容

2020 年 2 月，国防部和能源部向国会提交了 2021 年预算申请，CBO 估测预算申请中明确的核力量计划在 2021—2030 年将总计耗资 6340 亿美元（表 1）。其中，国防部和能源部的预算经费为 5510 亿美元，前提是计划不改变、成本不增长、进度不延迟。

表 1　美国 CBO 按部门和职能分列的核力量费用①

单位：10 亿美元

项目			2021 年			2021—2030 年		
			国防部	能源部	总计	国防部	能源部	总计
核运载系统和武器	战略核运载系统与弹头	弹道导弹核潜艇	9.2	1.0	10.2	130	15	145
		洲际弹道导弹	4.2	0.7	4.9	70	12	82
		远程轰炸机	3.1	1.6	4.6	41	12	53
		国防部的其他核活动②	1.4	—	1.4	17	—	17
	小计		17.9	3.3	21.1	259	39	297
	战术核运载系统与弹头		0.4	0.5	0.8	9	8	17
	核武器实验室与辅助活动	储存服务	—	0.9	0.9	—	10	10
		设施和基础建设	—	6.8	6.8	—	80	80
		其他管理和辅助活动③	—	4.8	4.8	—	52	52
	小计		—	12.6	12.6	—	142	142
	合计		18.3	16.3	34.6	268	189	456

续表

项目		2021 年			2021—2030 年		
		国防部	能源部	总计	国防部	能源部	总计
指挥、控制、通信与预警系统	指挥、控制	1.4	—	1.4	20	—	20
	通信	1.7	—	1.7	25	—	25
	预警	4.4	—	4.4	49	—	49
	合计	7.5	—	7.5	94	—	94
国防部、能源部提交的核力量预算总额		25.8	16.3	42.1	362	189	551
国会预算办公室基于以往成本增长估测的额外经费		—	—	—	43	40	83
国会预算办公室估测的核力量总费用		25.8	16.3	42.1	405	229	634

资料来源：国会预算办公室使用来自国防部和能源部的数据。

注：①估算费用基于国会预算办公室对国防部和能源部预算提案的分析，以及5年后预算的预测，前提是2021年的预算文件能够按计划进行。该类别还包括仍在制定计划的几个项目，国会预算办公室参照类似情况的历史成本进行估测。

②该类别包括国防部组织的核相关研究和辅助性活动。

③该类别包括保安力量、核材料和核武器的运输、科学研究以及为增进对核爆炸效应理解而开展的高级仿真计算；还包括2021年的4.5亿美元和2021—2030年的50亿美元，用于支付联邦人员薪金和费用。

5510亿美元将用于以下项目：

（1）战略核运载系统与弹头（2970亿美元）：包括国防部在战略核运载系统（可实施远程打击的三类核武器系统——弹道导弹核潜艇、陆基洲际弹道导弹和远程轰炸机，通常统称为“三位一体”战略核打击系统）上的投资，能源部就这些系统所使用的核弹头所开展的相关活动费用，以及能源部在弹道导弹核潜艇供电用核反应堆方面的投入。此类经费中近一半将用于弹道导弹核潜艇。

（2）战术核运载系统与弹头（170亿美元）：包括国防部为在较短距离

内投送核武器的战术飞机所提供的资金，能源部研制生产此类飞机所携带核弹头的相关费用，此外还包括为新型海基核巡航导弹和该类导弹携带的核弹头所提供的资金。

（3）能源部核武器实验室与辅助活动（1420 亿美元）：包括为核武器实验室和生产设施提供的活动资金，这些活动并不直接牵涉特定类型的核弹头，但与维护当前和未来的核武器库存有关，比如对一些生产核武器专用材料和部件的设施进行现代化改造。

（4）国防部指挥、控制、通信与预警系统（940 亿美元）：这些系统能够保证指挥员与核力量之间进行通信、发布指令、探测核攻击，以及排除错误警报。此类别经费比 2019 年多出约 170 亿美元。预算增加的主要原因是预警卫星计划（用于探测敌方发射的导弹）有变动，国防部打算用“下一代架空持续红外系统”（Next - Generation Overhead Persistent Infrared System）取代“基于太空的红外系统”，并开发与卫星通信互联的新型地面系统。

据国会预算办公室估计，未来 10 年（2021—2030 年）所有这些项目的年度预算将从约 420 亿美元稳步增长到 690 亿美元，其中三分之二由国防部支出。

在上述 5510 亿美元中，约 1880 亿美元将用于核武器及运载系统现代化计划。其中，1750 亿美元用于“三位一体”战略核武器系统的现代化升级，130 亿美元用于战术核武器及运载系统升级。国防部核运载系统现代化计划将总计耗资约 1540 亿美元，能源部更新核弹头、开发新型弹道导弹核潜艇用核反应堆的经费总额约为 350 亿美元。此外，对生产核武器专用材料和部件的设施进行现代化改造还需要 350 亿美元，这部分经费不包含在 1880 亿美元之内。

三、核预算更新的依据

国会预算办公室估测的总成本涵盖了核力量的部署、运营、维护以及现代化升级。该机构沿用了2013年初始报告以及后续更新版本的方法，仅考虑与核任务直接相关的成本。因此，国会预算办公室的估算不包含与未来10年开发和部署核力量没有直接关系的几类成本，比如军事部门和国防部按比例分摊并不专用于核任务的管理和服务费用，以及下列几项相关活动费用，比如解决冷战时期核遗留问题（拆除已退役的核武器、清理核设施既往活动造成的环境沾染等）、降低其他国家/地区的核武器威胁（美国为制止核扩散、遵守核军控条约，以及按照军控条约对其他国家/地区进行核查等）、主动防御其他国家核武器（主要是弹道导弹）等。国会预算办公室表示，与所有对未来成本的预测一样，其估算也带有一定程度的不确定性。

四、思考启示

（一）重视低当量核武器部署，保持有效核威慑

有效的核威慑是美国国家战略的基石，保持强有力的核威慑是美国国防部的优先事项。美国新版《核态势评估》报告指出，美国将继续核武器现代化计划，并明确了未来应部署的核武器重点，美国还制定了低当量核武器近期和远期发展计划。从核预算投入看，核武器的现代化改造与延寿计划占比很大，美国将通过改造现有潜射弹道导弹、研发新型低当量海基巡航核导弹，保证其灵活、有效的核打击能力，从而加强“区域威慑”。

（二）重视 NC3 系统的投入，提升核反击防御速度

美国认为，核指挥控制通信系统是核武器作战中生存能力最薄弱的环节。美国新版核预算显著提高了美国国防部在核指挥、控制、通信（NC3）与预警系统的投入金额，总额为 940 亿美元，比 2019 年时估算的高出约 170 亿美元。仅 2021 财年预算，美为 NC3 投入 70 亿美元，并也将其作为国防部优先事项之一。由此表明，NC3 作为核威慑必不可少的环节，必须确保在任何时候、甚至遭受大规模核打击压力下，都能够对核武器实施有效的指挥与控制。

（三）重视天基系统研发，加强远程核预警能力

核武器的侦察预警、感知探测与报告报知是御敌核武攻击、实施有效核防御的首要环节。此次新版核预算明确提到了研发“下一代架空持续红外系统”取代现在部署的“基于太空的红外系统”，此两类卫星上均搭载了天基核爆探测载荷。新系统的替代目的是尝试建立能够同时探测和跟踪弹道导弹和高超声速导弹的多轨道空间传感器网络，以提升美国对导弹发射的全球早期预警能力。

（军事科学院防化研究院　朱晓行　郭潇迪　李珊）

美国国防部2022财年化学与生物防御计划预算分析

2021年5月，美国国防部公布化学与生物防御计划（Chemical and Biological Defense Program，CBDP）2022财年预算（图1）。该计划始于1994年，其目的是发展化学和生物防御能力，使联合部队时刻做好在化生威胁环境中作战的准备。

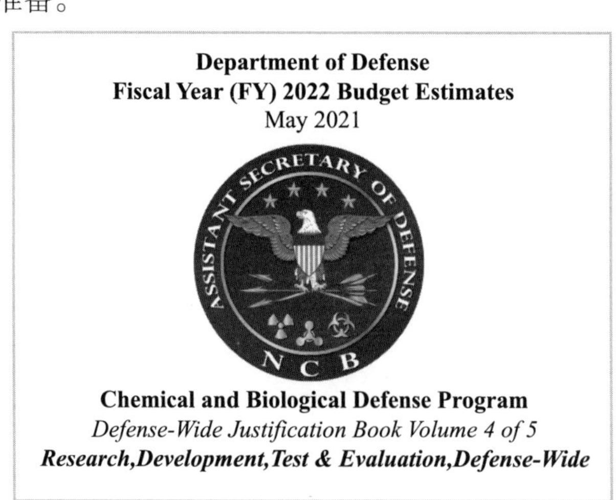

图1　2022财年美国国防部化学生物防御计划预算报告

一、组织机构

美国国防部在分管采购与维持的副部长之下设立了核生化防务助理部长（Assistant Secretary of Defense for Nuclear Chemical and Biological，ASD（NCB）），其下又配备了3名助理部长帮办，分别负责核事务、化学与生物防御、威胁应对与军备控制。其中，化学与生物防御助理部长帮办（Deputy Assistant Secretary of Defense for Chemical and Biological Defense，DASD（CBD））的主要职责是监管化学生物防御计划，包括需求分析、科技研发、测试与评估、采办、基础设施运营等。化学与生物防御助理部长帮办配有专门的办公室，下设常务主任、战略协调与沟通总监、战略与规划总监、物理项目主任、医学项目主任、业务与资源运营总监（图2）。

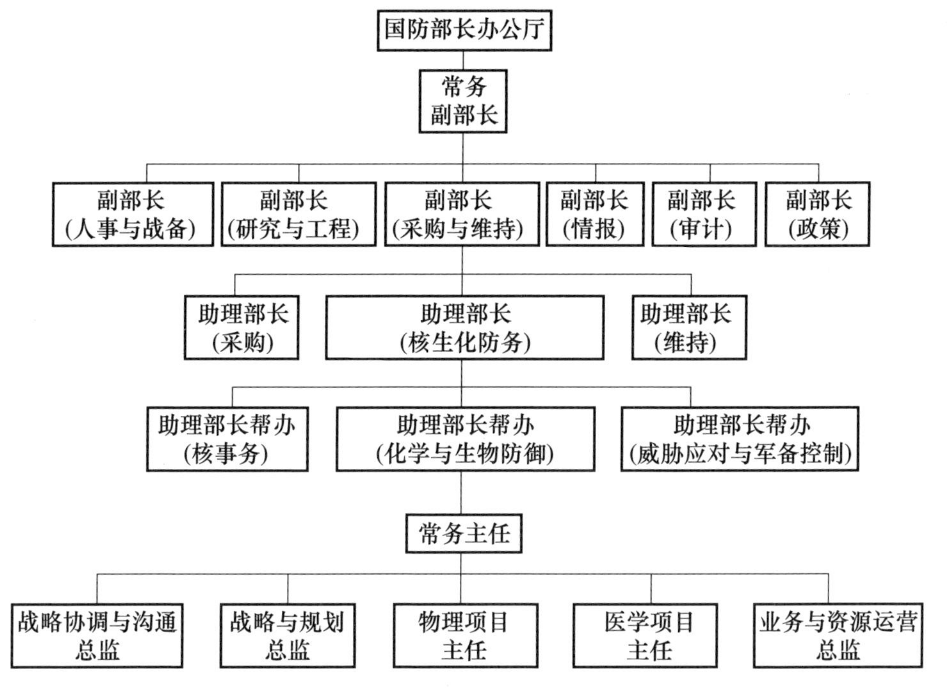

图2 美国国防部化学与生物防御计划领导机构

二、2022 财年 CBDP 主要任务

2022 财年 CBDP 预算总额为 13.947 亿美元（图 3），比 2021 财年（12.908 亿美元）增加 1.039 亿美元。主要用于以下任务：

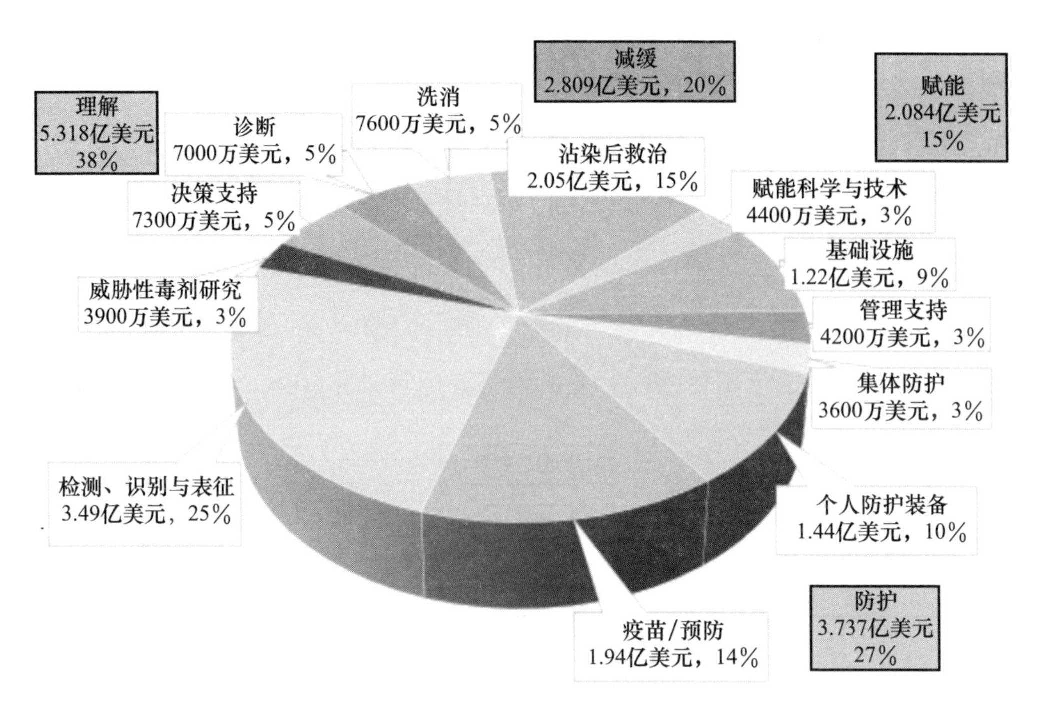

图 3　化学生物防御计划预算分布图

（1）理解（5.318 亿美元）：包括检测、识别与表征，威胁性毒剂研究，决策支持，诊断。重点是利用人工智能等尖端技术的进步加速化生危害表征与早期评估研究，着力提升检测、诊断、识别的精度、范围和有效性，同时确保获取的数据能够与其他非化生传感器系统和信息系统无缝集成，且传感器能够整合进无人平台，从而增强指挥官的决策能力。

（2）防护（3.737 亿美元）：包括个体防护、集体防护、疫苗及预防。报告指出，将聚力推进材料和系统工程领域研究，开发模块化、可定制、经济实惠、后勤负担低、能够高效应对各种环境中的生物战剂（细菌、毒素和病毒）、新兴传染病和化学毒剂的防护及医疗对策。

（3）减缓（2.809 亿美元）：包括洗消和沾染后救治。重点研发广谱适用的人体洗消（包括处理大规模伤亡）和物资洗消（包括敏感设备和飞机洗消）技术，同时最大限度降低洗消作业对人员、设备和平台的伤害。

（4）赋能（2.084 亿美元）：为基础知识、专用设施以及研究、开发、测试与评估等方面提供支持，为国家和相关部门的事件响应及化生威胁防范设立专项资金。

三、2022 财年 CBDP 预算要点

研究、开发、测试与评估经费申请额度为 10.375 亿美元（比 2021 财年申请的 9.937 亿美元略有增加，比 2021 财年颁布的 10.432 亿美元略有减少），主要开展以下工作：

（1）2.19 亿美元用于提高环境监测和医疗诊断能力，增强对传统与非传统化学危害以及传统与新兴生物危害的态势感知。

（2）2.058 亿美元用于研发医疗对策，例如疫苗和疗法，以应对高优先级生物危害。

（3）1.343 亿美元用于改进国内事件的战备和响应，包括增强大流行病和生物事件应对能力。重点投资医疗平台和制造技术研究，以简化流程，加速产品交付，并降低研发风险。设立专项资金用于发展国防部医疗对策高级开发和制造能力。

（4）1.05 亿美元用于继续支持医疗对策的研究和开发，重点是防止和治疗传统与非传统化学毒剂沾染。

（5）8210 万美元用于人员防护、呼吸系统和眼部防护、集体防护能力以及传统与非传统化生毒剂危害减缓能力的研究、开发、测试与评估。

（6）7400 万美元用于基础研究和威胁性毒剂研究，丰富生命和物理科学基础知识，促进实验探索。

（7）7110 万美元用于发展综合预警、生物监测、报警和报告、决策支持以及建模与仿真能力。

（8）7080 万美元用于关键基础设施建设和日常运营。

（9）3580 万美元用于支持概念开发、技术演示、增强能力演示和特种作战部队快速能力的开发及部署，旨在利用技术和装备增强部队在化生环境中的作战能力。设立专门的创新基金，以快速应对新出现的威胁。

采购预算为 3.572 亿美元，主要开展以下工作：

（1）6400 万美元用于采购“通用分析实验室系统”，通过集成商用和政府现成的组件，为野战分析部队提供一个通用、模块化、可携行或可移动的分析实验室系统，使联合部队能够快速响应现有及新兴化生威胁。

（2）6000 万美元用于采购改进型机组人员和地面部队防护装置，以增强对化生危害的防护能力并降低生理负担。

（3）5700 万美元用于为地面部队和空军采购现代化的呼吸和眼部防护装置。

（4）2600 万美元用于采购联合生物飞机洗消系统，旨在为美国空军大型飞机提供内部和外部生物威胁净化能力。

（5）2300 万美元用于采购现代化集体防护装备（联合远征集体防护和飞机化生生存能力屏障）。

（6）2200 万美元用于采购化生放核徒步侦察套件、工具箱和配套装备，可使作战人员进入化生放核侦察车辆无法通行的大规模杀伤性武器可疑区域执行化生放核徒步侦察、监视和现场评估任务。

（7）2200 万美元用于采购增强型海上生物探测器，以提升美国海军探测和识别生物战剂的能力，同时降低运行成本并提高探测的可靠性。

四、启示

一是更加强调应对新兴威胁。预算报告称，大规模杀伤性武器扩散是美国面临的最大挑战之一，当前化生威胁形势正加剧恶化，美国国防部必须把增强新兴威胁应对能力摆在优先位置，其中核心的是理解和预测新出现的威胁。为此，2022 财年美国国防部在化生战剂的表征、感知、检测、救治等方面额外增加了投资。此外，还将设立新兴威胁创新基金，重点推进新技术研究以弥补能力差距。

二是更加强调发展响应式化生防御能力。报告指出，由于多种科学的融合和技术的快速发展，化生威胁正以指数级速度扩增，战略环境的急剧变化迫切需要发展响应式化生防御能力。这一背景下，CBDP 正朝着敏捷和强适应性方向改革，其举措包括启动快速响应能力建设，如将美国食品药品监督管理局（FDA）批准的药物疗法转用于应对化生威胁、增进医疗对策开发的时效性。美国陆军是 CBDP 的具体执行机构，目前也在推行采办改革以促进快速交付，比如借助增材制造等快速成型技术或直接购买商用现货。

（军事科学院防化研究院　李文文）

英国新版安全与战略评估报告高度关注核生化威胁

2021年3月16日，英国发布安全与战略评估报告——《竞争时代的全球化英国：安全、国防、发展与外交政策评估》（以下简称为“报告”），这是继2015年《战略防务与安全评估：安全繁荣的英国》之后，英国发布的最新一版防务外交报告。时值英国脱欧的重要历史节点，英国欲借此份报告传达将站在国际秩序前沿重构与世界关系、维系具有全球影响力大国地位的国家畅想和意愿。

一、主要内容

报告认为，在打造“全球化英国”征途中，核生化武器及恐怖主义、科技发展等是英国必须重点关切的安全议题。英国宣布核弹头存量的上限将从180枚提高至260枚，并不再公布储备量等数据信息。报告将核生化等大规模杀伤性武器纳入“系统性竞争”范畴，认为核生化武器、先进的常规武器以及由新型军事技术扩散带来的冲突和风险正在加剧，此类威胁是造成国际安全环境不断恶化的系统性威胁之一。报告还强调科技对英国战略环境的重大意义，将通过科技创新，寻求在关键和新兴技术领域发挥主导作用，实现战略优势。

（一）扩充核武库

英国曾长期信奉“最低核威慑”战略，即英国的核报复打击能够触及对手的关键要害城市即可，这一战略在冷战时期促成英国与美国一道威慑苏联等对手。“9·11”事件后，恐怖主义、美国所谓的地区“流氓”国家的威胁代替了欧洲爆发大规模战争的风险，英国转而追随美国，实施先发制人的核战略。

2010 年，英国提出将实战部署的核弹头总数从 160 枚削减到 120 枚，将核武器总数限制在 180 枚。2021 年 3 月 16 日，英国首相鲍里斯·约翰逊在发布新版报告时表示，作为威慑战略的一部分，英国将把核弹头数量上限从 180 枚增加到 260 枚。此举旨在巩固英国作为核大国及美国稳固的防御盟友的地位，也标志着英国不再坚持最近几十年一直奉行的不扩充核武库政策。

英国的核弹头部署在 4 艘“前卫”级战略导弹核潜艇上，并确保至少有一艘核潜艇处于战备值勤状态。每艘“前卫”级核潜艇可携带 16 枚“三叉戟”－2D5 潜射弹道导弹。报告称，英国正在建造“继承者”级战略导弹核潜艇，计划 2030 年起取代“前卫”级，成为英国新的战略威慑平台。英国“继承者”级新型战略导弹核潜艇选择搭载美制更先进的 W93 核弹头。

据 2020 年 12 月 8 日英国《卫报》报道，英国和美国将长期就 W93 新型核弹头问题进行协商。英国国防部称，英国更换核弹头与美国 W93 核弹头关系密切，正在关注美国的弹头研制进程。粗略估计 W93 核弹头的爆炸威力是英国现役“三叉戟” –2D5 导弹所携带核弹头的 2 倍。英国国防部此前表示，研发能够携带新一代核弹头的新型潜艇将花费300 亿英镑，外加100 亿英镑的“应急费用”。

（二）增强化生放核防御和恢复能力

报告指出：安全环境不断恶化，化生放核武器、先进常规武器和新型军事技术的扩散将增加冲突的风险与强度，并对战略稳定构成重大挑战。负担得起、易于获得的低技术威胁（如无人机和简易爆炸装置）可能会侵蚀高科技优势。未来十年，恐怖主义仍将是主要威胁，其物质和政治原因、不断发展的战术将使威胁范围更加广泛。英国将在反恐、情报、网络安全和打击化生放核武器扩散方面建立牢固的基础。英国将确保把科学技术作为国家安全最重要的组成部分，并特别强调发展网络能力。此外，英国内政部计划2021—2024 年为“化生放核 – 核探测能力”项目投资 3. 51 亿英镑，以增强核探测能力。

（三）积极参与全球军备控制

英国对“反扩散”的定义是防止化生放核武器及其运载工具的扩散或发展，或阻止向可能威胁英国利益或地区稳定的国家或非国家行为体提供先进军事技术手段。

报告指出，英国的优先行动包括：

（1）通过与有关国际条约机构，特别是禁止化学武器组织和国际原子能机构合作，加强对国家获取化生放核武器、材料或相关技术的国际治理，并强化核安保体系。英国将做更多的工作来揭露不遵守国际条约的情况。英国将与盟友一道，要求伊朗对其核活动负责，愿意就更全面的核和地区协议进行谈判。英国仍将继续成为朝鲜无核化和制裁执行方面的最活跃的非区域伙伴。

（2）减轻南亚的紧张局势，鼓励就核责任进行区域对话，并与南亚国家合作以应对该地区的安全威胁。

（3）防止向其他国家扩散。英国将增加用于寻找那些企图接触化生放核和先进军事与两用技术的人员的相关知识。英国将通过确定热点、转移途径和机制来应对扩散网络和扩散融资。报告认为，改进学术技术批准计划将有助于阻止各国利用与英国学术界的研究关系来窃取知识产权并获得可用于开发化生放核武器及其运载工具或先进军事技术的知识。

（4）防止向非国家行为体扩散。英国将通过其国际生物安全计划和七国集团全球伙伴关系反对大规模杀伤性武器与材料的扩散，减少恐怖分子获取生物制剂的风险。

（5）用控制机制平衡新技术获取机会，维护英国自身的合法投资，并通过技术合作支持其他负责任的国家使用新技术。英国将与专家、工业界和盟国合作，针对武器和两用技术构建有效的出口控制机制，以适应技术的变化。英国还将建议改革反扩散制度和国际治理，考虑采取新的途径来控制化生放核和先进武器技术。

二、几点认识

一是核生化恐怖主义成为全球顽疾。2018 年，北约称化生放核防御将重回北约首要议题。同年，美国发布首份《反大规模杀伤性武器恐怖主义国家战略》。2019 年，俄罗斯调查认定国际恐怖分子拥有生产化学武器和生物毒素的材料、技术和基础设施，并使用无人机作为运送工具。报告预判2030 年前英国“很可能”会遭遇一次真正的化生放核危机，凸显了英国政府对核生化威胁的深切担忧。

二是新兴科技正对世界局势产生颠覆性影响。人工智能、信息网络、生物技术等渗透应用于军事领域，由此出现了很多新疆域、新样式。报告重点强调形成量子计算、生物工程、人工智能等技术领域优势对国家安全和发展的重大意义。作为老牌军事帝国和工业革命的策源地，英国深谙科技对未来战争的塑造潜能，力图通过发展新质力量获取先发优势。

（军事科学院防化研究院　赵钦　滕珺　李文文　解本亮　夏治强）

美国《大规模杀伤性武器的未来》报告解读

美国大规模杀伤性武器研究中心自1994年全面启动以来，一直从国家安全角度研究大规模杀伤性武器的发展和影响。2014年6月，该中心出版研究报告《大规模杀伤性武器的未来：其在2030年的性质与作用》；2021年2月，发布更新版。两份报告预测了与大规模杀伤性武器相关的地缘政治和技术趋势，并对这些趋势将如何影响大规模杀伤性武器的发展和使用作出了研判。其中，2021版报告获评美国情报大学美国总统奖，影响较为广泛。

一、主要内容

（一）提出了影响大规模杀伤性武器发展的6个因素

新版报告认为，过去几年中已出现了一些影响大规模杀伤性武器发展的重大地缘政治改变和技术发展动向。报告将其归纳为6个因素：

一是大国之间角色的转变。报告讨论了美俄等国之间不断变化的关系及其对大规模杀伤性武器的影响。认为美国主导的国际安全秩序近年来不断受到挑战，这种挑战不仅来自美国的主要竞争对手，而且受到美国政策选择的影响。在全球局势变得更加不确定的情况下，这一发展或将进一步促使其他国家考虑选用大规模杀伤性武器维护自身安全。

二是核军控与防扩散机制面临新压力。着眼于印度、伊朗、朝鲜、巴基斯坦、俄罗斯等国和美国不断变化的核立场，讨论了核武器控制和核不扩散的发展。报告认为，核军备控制和核不扩散的支柱已经倒下或变得摇摆不定，危及其在减轻大规模杀伤性武器威胁方面的效力。

三是化学武器和生物武器的作用。报告关注到化学和生物武器不扩散面临的挑战，包括新冠大流行的潜在影响。认为近年来使用化学武器的行为对维护《禁止化学武器公约》的完整性造成了进一步压力。虽然尚没有国家违反《禁止生物武器公约》，但防扩散机制面临挑战，难以跟上生命科学及使能技术的发展速度。

四是美国将金融制裁手段用于防扩散政策。报告考察了美国为反对大规模杀伤性武器扩散而日益诉诸金融制裁的影响。认为，金融制裁是美国政策中最强大的非军事工具之一，可在一定程度上防止大规模杀伤性武器扩散。但是，随着时间的推移，过度依赖金融制裁可能会削弱其力量以及美国在国际金融体系中的主导地位。

五是新型运载工具的开发及部署。报告讨论了《中导条约》终结、新型高超声速和核动力打击系统的出现、无人系统和遥感能力的进一步发展等对战略竞争和大国战争前景的影响。认为，运载工具是影响大规模杀伤性武器发展和使用的一个重要方面，近年来科技进步提高了运载系统的射程、速度和有效性，无论是搭载大规模杀伤性武器还是常规武器，都能对战略和作战环境造成深远影响。

六是与大规模杀伤性武器相关的新兴和颠覆性技术。报告重点探讨了人工智能、生物技术、量子系统、增材制造四种技术对大规模杀伤性武器的影响。这些技术还与其他技术息息相关。例如，人工智能对于推动生物技术、量子系统和增材制造的发展至关重要。同时，这些技术还可能与网络、5G、空间、纳米等其他新兴或颠覆性技术互相融合。

（二）研判了大规模杀伤性武器未来发展趋势

新版报告认为，技术发展将会决定特定时间内大规模杀伤性武器未来所能达到的能力，而地缘政治发展将塑造获取和使用大规模杀伤性武器的内在动机。

报告认为，从地缘政治看，到2030年美国仍将是世界上最强大的国家，但是在日益多极化的国际体系中美国所占的主导地位会有所下降。非国家行为体（包括恐怖分子）的能力和重要性将会增加。国际冲突的根源仍将继续存在，并可能加剧，国家之间和国家内部发生武装冲突的风险将会增加。

从技术上讲，隐蔽发展核武器以及更先进核武器的障碍将变得更小。化学和生物武器方面：①国家和非国家行为体都将更容易获得化生武器；②化生武器的威力更大，特别是能够击败当前或将来可能出现的新兴防御措施；③更具有靶向性，以及更可靠的低致死性或非致命性；④与传统战剂相比，新型化生武器的作用机理可能超出现有认知，从而更难以追踪。

根据这些预测，报告认为，国际社会将大规模杀伤性武器从国际竞争和冲突中清除出去所做的长期努力未来可能会被削弱。这些武器的扩散可能更难以预防，从而更加普遍。核武器在国际安全环境中可能会发挥更显著的作用，对化生武器扩散与使用的限制条件可能会减少。大规模杀伤性武器恐怖主义将会有更大的活动范围，但无法预测未来的发生频率和严重程度。除化学、生物、放射性和核武器之外，新形式的大规模杀伤性武器在2030年前出现的可能性不大，但由于网电等武器会造成更广泛的破坏，美国可能会像目前制止大规模杀伤性武器一样，通过提高使用代价的办法来防止大规模网电攻击。预计到2030年，大规模杀伤性武器的定义仍不确定，并存在争议，其确切含义将日益成为一个开放性的问题。

（三）向美国政府提出对策建议

该报告成文于拜登政府上台之前，因此对大规模杀伤性武器政策和技术发展的考量并未考虑新政府可能采取的举措。但报告认为，美国基本国策已定，在可见的未来，总体发展方向不会有大的变化。为此，报告从十个方面提出了建议。

第一，美国需要再次拥有领导与美国有共同价值观和利益的盟国及伙伴国家的能力，恢复他们对美国领导力的信心；减少其寻求其他替代性依赖力量的动机，包括核武器或其他大规模杀伤性武器的开发或防御项目。

第二，美国需要积极开展战略武器系统的对话和谈判，为战略稳定做出贡献。美国应与俄罗斯和中国就相关武器系统进行更广泛的战略讨论和谈判，重点研究监测和核查规定。考虑到中国战略态势与美国和俄罗斯战略态势之间的不对称，在进行战略谈判和讨论时可能需要采取“不对称军备控制”的方法。核和非核、战区和洲际等武器系统在战略平衡和稳定中所承担的作用越来越大，因此也需要在大国战略讨论和谈判中得到解决。

第三，美国需要继续反对违反“不扩散协议和规范”的行为，继续调查涉嫌违规行为并追究肇事者的责任，以遏制进一步的违约行为，为捍卫和巩固不扩散制度做出努力。

第四，美国需要重新评估其对朝鲜核计划的态度。报告指出，经过几十年的努力，美国和有类似想法的国家无法迫使或说服朝鲜消除其认为对其生存至关重要的核武器计划。同时，朝鲜的核武器计划在规模、复杂性和使用方式上都在增长。美国可能需要通过谈判对朝鲜核计划进行限制，而不是坚持朝鲜半岛无核化。

第五，美国需要重新评估其阻止伊朗获得核武器能力的单边做法。美国现在应与《联合全面行动计划》的昔日伙伴国达成一致，采取新方式，更有力地保证伊朗永远不会获得核武器。美国还需要维持军事和其他措施，以威慑、防御和施压，促使伊朗达成协议。

第六，美国需要更多地关注核武器计划的扩大以及南亚国家紧张局势带来的风险。报告认为，印度和巴基斯坦的竞争和紧张局势在一定程度上受中美竞争影响，印巴冲突如果升级到核层面，将破坏美国为应对中国崛起而与印度、日本、澳大利亚在战略结盟方面的投资。

第七，美国需评估其为维护本国利益而扩大金融制裁是否适得其反。报告指出，如果其他国家认为美国滥用其在国际金融体系中的主导地位，则将可能寻求“去美元化”的办法，这会削弱美国的金融实力以及美国利用这种实力对抗大规模杀伤性武器扩散的能力。考虑到美国长期的利益，在使用金融制裁时，至少应以保护主要盟友的共同利益或捍卫关键国家利益为目的。

第八，美国需要提升应对大国对手的战备能力，特别是在印度—太平洋地区，并确保获取美国公众的理解和支持。

第九，美国必须继续开发、利用并了解新兴和颠覆性技术（如人工智能、生物科技、量子系统、增材制造），警惕其对国家安全的影响。因为这些技术可能会极大地影响冲突的特点、各国的经济命运和国际力量的平衡。

第十，新冠肺炎大流行突显了国际领导与合作方面存在的缺陷，也增加了生物恐怖主义的可能性，美国应重新思考生物恐怖袭击等相关问题。

二、基本特点

对比2014年、2021年两个版本，结合近年来美国对待国际核生化相关事件的态度，可大致看出，美国在大规模杀伤性武器方面总体上变化不大。但随着新国家安全战略的出台和军事战略的调整，美国更加重视大国博弈、军控机制、科学技术等方面的发展和影响。

（一）更加重视大国角力

新版报告对大国竞争形势尤为关切。认为，新兴竞争大国的崛起以及美国对自身利益的持续关注，导致美国盟友不得不寻求能替代美国的其他大国力量，以应对未来世界形势的演变。核武器以及其他形式的大规模杀伤性武器可能成为这些国家可供选择的办法之一。除美国传统关注的国家外，报告还对沙特、土耳其、韩国、美国欧洲盟友、澳大利亚、日本等的核技术发展表示了关切。

美国一方面不愿舍弃自身的领导地位，另一方面不希望产生过多经济投入。同时又担心如果领导地位不保，越来越多的国家包括其盟友和伙伴国都将有意向获得自己的核武器，从而导致国际环境更加不稳定。因此，报告极力呼吁美国政府仍需要发挥领导作用。

（二）更加看重军控机制的影响

新版报告认为，近年来各主要国家对核武器的控制明显放松，《联合全面行动计划》面临失败，化学武器在不同场合广泛使用，使得禁控大规模杀伤性武器的法律和规则遭到挑战。新冠疫情也突显出国际应对机制存在缺陷。美国通过金融制裁施加金融影响力阻止扩散的做法也越来越有争议。

新版报告认为，在战略环境变得更加复杂和不可预测的情况下，战略讨论和谈判可以在一定程度上提高各国措施的透明度和预测性，限制不稳定或不必要的开发部署。因此，报告针对不同国家探讨提出了“不对称军备控制”等多种方法，试图从策略与机制方面加以改进。

（三）更加紧盯技术发展

尽管新版报告认为大规模杀伤性武器的技术发展趋势相较于2014版的预测变化不大，但新版报告中关于新兴技术和颠覆性技术的讨论明显增多。

新版报告提出，《中导条约》失效，高超声速武器、无人系统、遥感、核动力等技术的进步，使发展和部署更长距离、更快速、更机动、更精确的核和常规载荷运载方式成为可能。近年来多次出现的化学武器事件、新冠疫情等可能会诱使一些恶意行为者发展和使用化学武器、生物武器。利用新兴科技快速发展防御对策成为各国要务。对于尚不成熟的新兴和颠覆性技术，很难通过国际协议加以控制，但可以提高使用的透明度。例如，生物技术管控方面，报告建议建立与禁止化学武器组织科学咨询委员会类似的科技咨询机构，密切跟踪生物技术发展对生物武器使用和扩散的影响，并向《禁止生物武器公约》缔约国提供咨询意见。

三、启示

（一）大规模杀伤性武器仍是美国搅动国际秩序的重要推手

大规模杀伤性武器在国际秩序中扮演着重要角色，结合美国近年来众多报告可以看出，美国非常关注大规模杀伤性武器的发展。美国政府问责局《远期新兴威胁国家安全报告》中，大规模杀伤性武器位于武器类威胁第一位。美国在对核武库进行现代化改造的同时加大非战略核力量，其中就包括发展和部署低当量核武器；从事生物威胁研究的德特里克堡疑云重重，美国高等级生物安全实验室遍布世界各地；“诺维乔克”事件（2018年俄罗斯前双面间谍在英国中毒、2020 年俄罗斯反对派人士疑似被毒害）、叙利亚化武疑云，尽管扑朔迷离、极具争议，但美西方仍借机围攻俄罗斯、空袭叙利亚。种种迹象表明，美国高度关注大规模杀伤性武器威胁，并在国际事务中不断利用大规模杀伤性武器伺机搅动国际秩序。

（二）科技的双刃剑作用越发凸显

越来越多的新技术应用到大规模杀伤性武器及其防御领域，并带来双重影响。一方面，新技术可能会催生新型大规模杀伤性武器威胁。北约《大规模杀伤性武器威胁》报告称，现代科学技术的巨大进步为发展杀伤力更大的武器敞开了大门，将对未来的国际安全环境造成冲击。另一方面，新兴技术可能带动防御理念、技术和装备实现飞速发展。美国媒体分析应对大规模杀伤性武器的四大挑战时认为，数字化使一些威胁对手在战略和战术上变得更具弹性、适应性和复杂性；能够跨越地理位置更快地实施攻击，并已高度网络化。与此同时，生产、获取和部署大规模杀伤性武器所需的专业知识、材料和技术正在继续扩散和发展。人工智能、生物技术、量子系统、增材制造等技术本身并非大规模杀伤性武器技术，但这些技术拥有广泛的适应空间，兼具众多民事和军事用途，且部分内容可能涉及大规模杀伤性武器领域。这些两用性技术如果被滥用或谬用，则将产生难以估量的后果，尽管其直接影响可能要若干年以后才会显现。

（军事科学院防化研究院　赵钦　马温如　李文文）

2021年《禁止化学武器公约》履约进展及热点问题分析

《禁止化学武器公约》（以下简称《公约》）于1993年1月开放签署，1997年4月正式生效；迄今共有193个缔约国，仅以色列、埃及、朝鲜、南苏丹4个国家尚未加入。

一、履约进展

（一）化学武器销毁

自《公约》生效以来，美国、俄罗斯、印度、韩国、阿尔巴尼亚、伊拉克、利比亚、叙利亚8个缔约国共宣布拥有72304吨化学武器。截至2021年10月31日，累计销毁71512吨（占98.9%）。只有美国尚余792吨，计划2023年9月销毁完毕。日本遗弃在华化学武器累计回收86158件，其中58800件已销毁；此外，哈尔巴岭埋藏的日遗化武初步估计超过33万件。第1类化学武器销毁情况如表1所列。

表1　第1类化学武器销毁情况（截至2021年10月31日）

宣布拥有化学武器的缔约国	宣布毒剂数量/吨	已完成销毁任务的百分比/%
阿尔巴尼亚	15	100（2007年7月11日）
韩国	601	100（2008年7月10日）
印度	1044	100（2009年3月26日）
叙利亚	1062	100（2014年12月31日）
俄罗斯	39976	100（2017年9月27日）
利比亚	26	100（2017年11月23日）
美国	27770	97.15（2021年10月31日）
伊拉克	无具体数量	已全部销毁
合计	70494	98.9（2021年10月31日）

注：化学武器共分三类，第一类是沙林、梭曼、塔崩等；第二类是亚当氏剂、CN、CS等；第三类是未装填弹药与装置，各国宣布拥有化学武器72304.343吨，其中第一类70493.64吨（约为70494吨），第二类1810.703吨。

（二）设施核查

截至2021年10月31日，禁止化学武器组织（OPCW）共对134个与化学武器相关的设施进行了3325次视察，对4949个附表化学品及特定有机化学品的设施进行了4179次视察。受新冠疫情影响，2021年度核查次数大幅减少，其重点是核查附表1设施，并对附表2、附表3设施进行初始视察。

（三）现场调查、化学品溯源及分析鉴定能力建设

一是筹资兴建化学技术中心。OPCW中心实验室始建于1996年，主要是为OPCW例行核查、国际合作与援助等各项活动和任务提供技术支持。近年来，指称使用化学武器事件增多，其工作性质发生了变化，工作量显著增大，尤其是新兴化武威胁的出现使发展新的核查手段愈显必要。2017年9月至11月，OPCW技术秘书处就中心实验室能力升级问题进行了系统

研究，并形成了专题报告。2017 年 11 月，第 22 届缔约国大会审议决定将筹资兴建化学技术中心（图 1）。该中心占地面积 6400 米^2，预算金额 3350 万欧元，主要由缔约国及其他机构自愿捐助。2021 年 4 月，OPCW 与荷兰建筑公司签订主要建造合同，计划 2022 年底建成，2023 年投入运营；预期目标是成为禁止化学武器领域研究、分析、培训和能力建设的领导者，以帮助 OPCW 跟上科技的发展步伐并在复杂多变的国际安全环境中发挥突出作用。

图 1　OPCW 化学技术中心示意图

二是维护和扩大指定实验室网络。截至 2021 年 11 月 30 日，21 个缔约国的 24 个实验室是 OPCW 环境样品分析指定实验室，14 个缔约国的 20 个实验室是 OPCW 生物医学样品分析指定实验室。

二、热点问题

（一）第 25 届缔约国大会决议中止叙利亚缔约国权利

叙利亚化武问题持续发酵。继 2020 年 OPCW 发布首份调查报告称叙利亚空军 2017 年 3 月 24 日、25 日、30 日在勒塔梅纳镇使用沙林和氯气之后，2021 年 4 月 12 日 OPCW 发布第二份报告，认为“有合理理由相信”叙空军一架直升机在2018年2月4日袭击萨拉奎布市时投掷了氯气瓶。叙利亚表示，报告缺乏公信力，叙利亚严正反对并拒绝接受调查结论。

2021年4月21日，第25届缔约国大会以87票赞成、15票反对、34票弃权通过美西方46个国家联合提出的“处理叙利亚拥有和使用化学武器问题的决议”，暂停叙利亚作为《公约》缔约国所享有的权利，包括：在大会和执行理事会（以下简称执理会）上投票，参加执理会选举，担任大会、执理会或任何附属机构的任何职务。这是OPCW自1997年成立以来首次决议中止缔约国权利。

（二）第96届执行理事会和第26届缔约国大会票决通过雾化使用中枢神经系统作用剂决定

2021年3月11日，OPCW第96届执行理事会以28票赞成、3票反对、10票弃权表决通过了美国、英国、澳大利亚等国联合提出的“关于为执法目的雾化使用中枢神经系统作用剂的决定”。该决定指出中枢神经系统作用剂与控暴剂不同，雾化使用时安全系数低，会对人体造成永久性伤害甚至死亡，建议第26届缔约国大会将雾化使用中枢神经系统作用剂理解为不符合《公约》不加禁止的目的中的执法目的。俄罗斯等国认为中枢神经系统作用剂定义模糊，为美西方政治操弄埋下了伏笔，谴责美国及其盟国一再以投票方式破坏协商一致传统，强烈反对将这一非法决定强加给缔约国。

2021年11月29日至12月2日，第26届缔约国大会在荷兰海牙召开(图2)，以85票赞成、10票反对、33票弃权表决通过了美国、德国、加拿大、澳大利亚、日本等52个国家联合提出的“关于为执法目的雾化使用中枢神经系统作用剂的理解”的决定，雾化使用中枢神经系统作用剂被理解为不符合《公约》不加禁止的目的中的执法目的。

中枢神经系统作用剂引发国际关注最早始于2002年的莫斯科人质事件，

俄罗斯军警在解救行动中使用了含有芬太尼衍生物的药剂，造成100余人死亡。此后陆续有缔约国建议就相关问题进行深入研究。自2010年起OPCW科学咨询委员会（以下简称科咨委）安排了研讨和审议，但一直没有定论。2017年OPCW执行理事会作出决定，将中枢神经系统作用剂纳入中央分析数据库。2019年以来，雾化使用中枢神经系统作用剂进入缔约国大会议程。

图2　第26届缔约国大会

（三）俄罗斯与欧美国家围绕纳瓦利内事件再起冲突

2020年8月，俄罗斯反对派人士阿列克谢·纳瓦利内在航班上昏迷，随后赴德国治疗；德国、法国、瑞典实验室检测定性为中了一种“诺维乔克”类型的神经性毒剂。事件发生后，俄罗斯遭到欧美国家的围攻和打压。美国、德国、法国等国认为纳瓦利内遭到暗杀，指责俄罗斯违反《公约》使用化学武器。俄罗斯坚决否认美西方指控，表示所谓中毒事件是针对俄罗斯发动的大规模虚假宣传活动，旨在利用国际组织对俄罗斯施加政治和制裁压力。

该事件在国际社会掀起巨大波澜，并对俄罗斯内政外交造成重大影响。1 月23 日，俄罗斯上百个城市爆发大规模示威游行。1 月26 日，美国总统拜登与俄罗斯总统普京电话会谈期间三分之一时间都在抨击俄罗斯拘捕纳瓦利内，并称将考虑启动新制裁。3 月2 日，美国国务院、财政部宣布对俄罗斯多名官员及数个科研机构实施一系列制裁；禁止美进出口银行等向俄提供贷款、信用担保或其他财政援助，并对俄罗斯多家生物及化学生产实体实行出口管制。同日，欧盟宣布对4 名俄罗斯官员实施制裁，限制其赴欧盟旅行并冻结个人资产。

（四）OPCW 呼吁关注科技发展对化学武器履约的影响

2021 年1 月，科咨委成立生物毒素分析临时工作组，深入审查生物毒素分析相关方法和技术，并就调查涉嫌使用生物毒素事件时需要考虑的科学技术等问题提供专家建议。

2021 年6 月，科咨委召开第32 届会议，提出要关注新兴化学技术对化武履约的影响，尤其是人工智能在化学领域的应用可能造成的安全风险。人工智能可以预测新化合物的理化性质，在发现或设计新化合物以及优化现有化合物合成路线方面潜力巨大。但如果被滥用谬用，也可能会滋生新的化学武器威胁，并增加核查难度。

OPCW 总干事要求科咨委继续关注科技发展对《公约》的影响，并在2022 年提交报告供2023 年召开的第五届缔约国审议大会审议。

（军事科学院防化研究院　李文文　夏治强）

美国销毁化学武器进展

《禁止化学武器公约》是一项多边军备控制条约，禁止生产、储存和使用化学武器。美国作为公约缔约国，必须销毁其拥有的所有化学武器，销毁可能遗弃在其他国家的所有化学武器，并摧毁其拥有的化学武器生产设施。

根据美国1997年5月向禁止化学武器组织宣布文件，美国拥有化学武器、化学武器生产设施、化学武器发展设施、老化学武器、防暴剂和特种有机化学品生产设施；包含芥子气、路易氏剂、沙林、梭曼、塔崩、维埃克斯等化学毒剂27771.5吨。毒剂的主要储存形式包括各类炮弹、迫击炮弹、火箭弹、航弹、布撒器、地雷、二元次弹筒、小炸弹、吨级储罐和各种毒剂桶。美国宣布共有20个化学武器储存点以及23个化学武器销毁设施，其中包括9个机动销毁设施、13个化学武器生产设施。

一、美国销毁化学武器进展

化学武器销毁计划于1990年6月30日开始，于禁止化学武器公约生效后的第10年即2007年4月29日完成，后美国申请延长销毁期至2023年12月31日。

组装化学武器替代项目执行办公室（Program Executive Office Assembled Chemical Weapons Alternatives，PEO ACWA）隶属于美国陆军采购支援中心，受美国国防部直接指挥和控制，负责监督美国遵守《禁止化学武器公约》以及销毁剩余的化学武器。2012年以前美国陆军化学材料局（1992年成立，最初为Chemical Materials Agency，2012年7月更名为Chemical Materials Activity，CMA）曾监督销毁了美国原始化学武器库存的90%，这些化学武器储存在7个地方，包括6个陆军设施以及太平洋的约翰斯顿环礁（图1）。剩余化武存放在科罗拉多州的美国陆军普韦布洛（Pueblo）化学仓库和肯塔基州的蓝草（Blue Grass）陆军仓库；CMA继续肩负着确保这些化学武器安全管理的使命。PEO ACWA分别于2015年3月在科罗拉多州普韦布洛化学毒剂销毁试验工厂（PCAPP）和2019年6月在肯塔基州蓝草化学毒剂销毁试验工厂（BGCAPP，图2）开始对剩余10%库存的3136吨化学武器进行销毁。

图1　美国化学武器存储地点

图2　肯塔基州蓝草化学毒剂销毁试验工厂

PCAPP由化学工程公司柏克德（Bechtel）设计、建造、测试及运营管理，负责销毁普韦布洛化学仓库储存的2613吨芥子气，包括155毫米炮弹、105毫米炮弹、4.2英寸迫击炮弹等化学武器。该工厂平均每天处理400枚弹药，完成销毁任务后工厂将关闭。

BGCAPP由柏克德和帕森斯政府服务公司（Parsons Government Services）合资企业柏克德·帕森斯蓝草（Bechtel Parsons Blue Grass，BPBG）设计、建造、测试及运营管理，以销毁蓝草陆军仓库储存的523吨化学武器，包括含有芥子气和维埃克斯的155毫米炮弹、含有沙林的8英寸炮弹和含有沙林和维埃克斯的M55火箭弹。完成销毁任务后工厂将关闭。

二、美国销毁化学武器技术路线

从第一次世界大战到1969年，美国化学武器处置的方法包括焚烧、大气稀释、掩埋和海洋倾倒，后在环保压力下，停止海洋倾倒，并寻找毒剂销毁的替代技术。目前已采用了以下技术：

（1）洛基山兵工厂采用沙林化学中和技术以及芥子气焚烧技术。

（2）阿伯丁试验场采用芥子气中和加生物降解技术。

（3）新港化学仓库采用维埃克斯中和及矿化技术。

（4）BGCAPP 采用中和辅以超临界氧化技术销毁神经性毒剂。

（5）BGCAPP 采用静态爆轰室（Static Detonation Chamber，SDC）销毁装填神经性毒剂的火箭弹和炮弹。

（6）PCAPP 采用 SDC 销毁装填芥子气炮弹。

（7）PCAPP 采用爆炸破坏系统（Explosive Destruction System，EDS）增强销毁能力。

含毒剂的火箭弹是库存最复杂的化学武器，其销毁过程涉及中和、生物降解和 SDC 三种技术（有的采用中和、超临界氧化和 SDC 组合技术进行销毁）：

首先专家操作先进的机器人移除火箭的能量物质包括炸药、引信和推进剂，排除化学毒剂。液体中加入热水和碱性溶液进行中和，将产生的废水转移至生物处置设施，利用微生物降解废水使其分解为盐水，再经过分离处理，固体经测试符合规定进行填埋处置，液体经测试符合规定则循环再利用。金属弹药体被加热到 1000℉15 分钟进行去污。排空的火箭弹头以及火箭发动机采用 SDC 技术进行销毁，还有固化的芥子剂炮弹以及过度包装的弹药也主要依靠 SDC 技术进行处置。目前正在使用的有 SDC 1200、SDC 2000 两种型号，后者的容积更大。两种 SDC 系统都是全封闭的球形装甲合金钢容器，采用超过 1000℉的电力产生的热量来引爆弹药，从而破坏化学毒剂和能量物质。废气经过污染减排系统进行处理，包括热氧化器和洗涤器，以去除微粒、二氧化硫、氯和其他重金属，再过滤进行排放。2021 年 7 月 9 日，BGCAPP 开始销毁含有维埃克斯神经毒剂的 M55 火箭弹（图 3）。

图 3　BGCAPP 的操作员将第一批 M55 火箭弹放在传送带上

三、美国化学武器销毁服务商简介

（一）柏克德国家有限公司

参与了美军 4 个化学武器销毁项目：肯塔基州蓝草化学剂销毁试验工厂 BGCAPP（正在进行中）、科罗拉多州普韦布洛化学剂破坏试验工厂 PCAPP（正在进行中）、亚拉巴马州安尼斯顿化学毒剂处理设施（已完成）、马里兰州埃奇伍德化学毒剂处置设施（已完成）。

（二）帕森斯政府服务公司

20 多年来一直参与美国和国际化学武器销毁工作，包括设计了 7 个美国销毁化武工厂、新港化学毒剂销毁工厂建造与运营、俄罗斯西伯利亚的化学毒剂中和设施的运营管理。此外，还开发了中和—生物降解处置系统，用于销毁普韦布洛化学武器库存。

（三）阿曼顿公司

负责美国内基础设施运营、服务、维护和保障，提供核与环境威胁缓解、任务保障、战略能力建设等服务。

（四）巴特尔纪念研究所

总部位于俄亥俄州哥伦布市。主要专业领域包括国家安全（航天航空技术、化学和生物防御系统、网络创新、地面战术系统、海事技术）、农业综合研究、生态与环境、医疗健康、材料科学等。在美国化学武器销毁中负责运营四个销毁工厂中最先进的实验室。

（五）GP 战略公司

负责运营马里兰州阿伯丁试验场的埃奇伍德化武销毁培训设施，提供了140门化武销毁操作的具体课程，如实验室操作、设备维护、应急响应和有毒区域处置等。

（军事科学院防化研究院　黄凰）

合成生物学在化生侦察领域中的应用进展

2021 年 6 月 8 日，美国参议院通过了《2021 美国创新与竞争法案》（USICA），以立法的形式确保其在大国竞争中保持领先。法案确定了十大关键技术重点领域，生物技术、医疗技术、基因组学和合成生物学在列。这释放出强烈的信号，即美国将着力推动合成生物学在能源、健康、化学品合成、环境治理等领域的深入研究，而美军已布局合成生物学技术应用于军事领域，化生侦察是其重点突破的方向之一。

一、化学武器威胁形势出现新变化

2019 年 11 月 25 日至 29 日，禁止化学武器公约组织召开第 24 次缔约国大会，对公约化学品禁控附表进行了自 1997 年公约生效以来的首次修订，增列涉及诺维乔克的 4 类化学品。公开来源的 17 种诺维乔克代表性化合物中仅有 12 种具有美国化学文摘服务社（CAS）注册号，缺少大多数毒性和理化性质数据，这类化合物已成为新化武风险，急需以新型毒剂为牵引，形成整体防护能力，而化生侦察一马当先。“诺维乔克”只是冰山一角，近年来 DARPA 在具有特定性能的新化合物设计合成上立项，从智能制造到加速分子发现（AMD），旨在利用人工智能辅助化学研究，提供满足军方多种需要的新物质，其中就包括化学毒剂。2019 年 10 月，美国化学会《有机化学杂志》发表文章指出，小分子发现的创新步伐在加速，化合物骨架多样性明显增加，表明科学家们正在突破已知化学空间的边界。各种迹象表明，未来出现新型化学毒剂的风险显著增大。

与此同时，美国科学院研究理事会出版的《合成生物学时代的生物防御》指出，利用合成生物学重构已知病原体、使现有病原体更加危险、创造新病原体以及利用天然代谢通路制造化学品及生物毒素的威胁逐步变为现实。

科学技术的发展使得化武威胁形势变幻莫测，大量的未知物质正在涌现，一些曾被认为仅是潜在威胁的已知物质（诸如某些生物毒素）等的危害需要重新评估。新形势要求侦察技术必须跟上毒剂毒素的发展，而合成生物学作为底层工具正在为化生侦察技术的进步赋能。

二、合成生物学用于化生侦察的新进展

合成生物学一词最早出现在 1911 年《科学》杂志上。2000 年以后，“合成生物学”在学术刊物及互联网上逐渐出现。作为一门新兴交叉学科，《自然》子刊在 2009 年曾专门向 20 位这一领域的国际知名专家征集合成生物学的定义。维基百科全书认为：“合成生物学旨在设计和构建工程化的生物系统，使其能够处理信息、操作化合物、制造材料、生产能源、提供食物、保持和增强人类的健康和改善我们的环境。”简而言之，合成生物学是通过设计和构建自然界中不存在的人工生物系统来解决能源、材料、健康

和环保等问题。美国麻省理工学院在2003年创办组织了国际遗传机器大赛（iGEM），这是以合成生物学为核心的多学科交叉国际级科技竞赛，其中不少参赛主题与环境监测和毒害物质检测有关。到目前为止，全球已有40多个国家超过300支队伍参加。参赛人员的设计思路、使用的基因组件、模块都会被这一平台了解并掌握。麻省理工学院搭建的这个科学竞技舞台为美国不断吸收群体智慧、持续引领发展创造了条件。

2019年，美国国防威胁降低局化学生物技术部组织召开化生防御科学与技术会议，主办方将“增强检测和诊断能力的合成生物学”作为一个专题进行研讨，内容包括细菌、病毒、生物毒素、有机磷化合物等的检测监测。美国陆军阿伯丁试验场的研究人员以及来自世界一流高校哈佛大学、麻省理工学院等的著名学者都参与到军方的研讨和相关研究中。美国军方及其支持的研究机构最近也报道了多项合成生物学技术在检测有机氯、有机磷、拟除虫菊酯、氨基甲酸酯类化合物以及病毒中的应用实例。概括起来主要包括以下几种策略：

（一）全细胞传感器

全细胞体系传感器是以细胞为感受元件，检测并报告环境中的特定物质，与传统方法相比，细胞传感器体积微小、易生产、价格低。2019年，美国陆军作战能力发展司令部化学生物中心阿伯丁试验场报道了利用大肠杆菌全细胞体系检测有机磷杀虫剂毒死蜱的实验结果。他们以绿色荧光蛋白（GFP）作为报告分子，构建了含有PchpAB－GFP报告分子基因的pChpRD质粒，将其转入大肠杆菌（图1），当外界环境中存在毒死蜱分子时，转录因子ChpR与之结合，活化转录过程，大肠杆菌表达出GFP，菌体呈现易于识别的绿色。

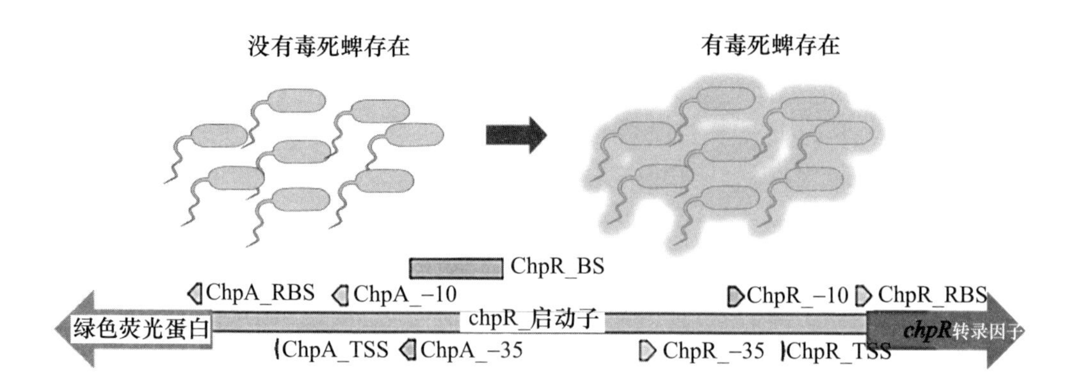

图 1　含有 PchpAB－GFP 报告分子的 pChpRD 质粒被转入大肠杆菌 *Escherichia coli* 用作检测杀虫剂毒死蜱的全细胞传感器

（二）无细胞传感器

无细胞合成生物学是指利用非生物系统，在体外实现遗传信息的 RNA 转录和蛋白质翻译。由于不使用完整细胞，无细胞比全细胞体系在使用的方便程度、生物安全性方面优势明显，是国际上的研究热点。美国哈佛大学詹姆斯·J. 科林斯团队提出构建纸基无细胞传感系统用于检测危险病原体的合成基因网络（图 2），已用于检测埃博拉病毒。如图 2 所示，转录和翻译所需的酶被导入工程化的基因线路后埋进并冻干在纸上，形成稳定的便携式细胞外合成基因网络体系。这些基因线路带有触发器、调控传感器和输出元件编码工具。使用前重新水化该材料，当有输入时，触发器引发传感元件表达 A 基因或抑制 B 基因，产生相应的输出信号。

（三）可穿戴无细胞传感器

2021 年 6 月 28 日，詹姆斯·J. 科林斯团队又在《自然》子刊上发表文章介绍了将无细胞合成生物学体系与柔性纺织品结合，把 DNA 或 RNA 中储存的基因线路保存在冻干的无细胞系统，研发出可穿戴冻干无细胞传感器。该传感器能够随身使用从而实现实时实地的检测监测。他们利用基因组编辑技术开发出一款口罩（图3），该口罩上负载的冻干无细胞体系可对小分子、核酸、生物毒素等进行检测，还能够检测新型冠状病毒。

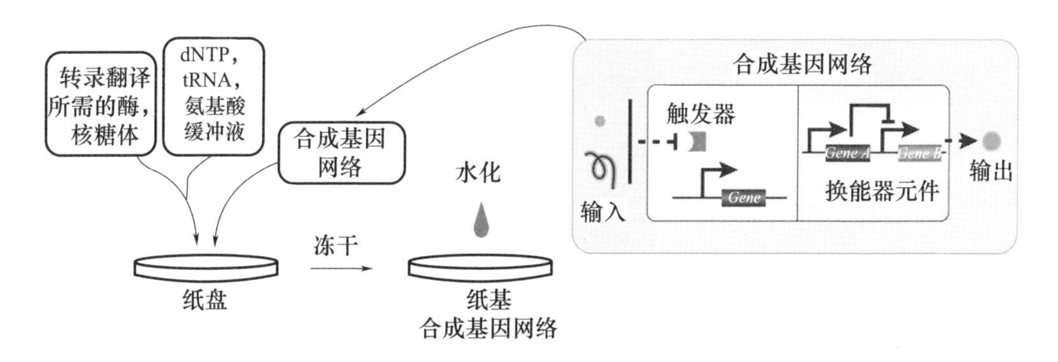

图2　通过基因工程线路构建的纸基无细胞传感体系

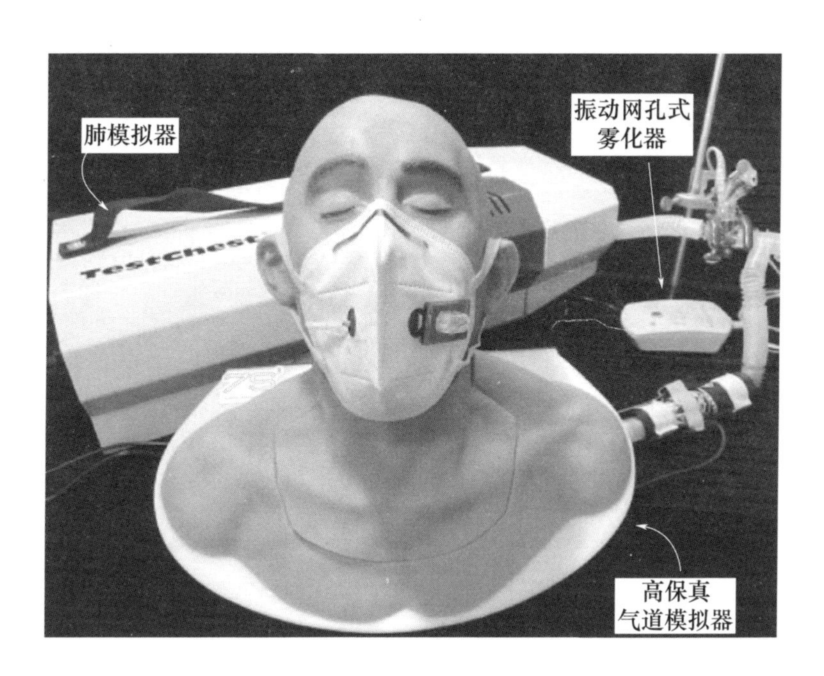

图3　基于无细胞传感体系开发的可穿戴新冠病毒检测器材

三、美军发展合成生物学+化生侦察的几点启示

（一）前瞻性布局

美军善于把握技术发展趋势，第一时间将先进科技用于武器装备研发。当前美军在化生侦察领域大力推动发展尺寸小、重量轻、功耗低的化生放核传感器件。合成生物学使用的底盘生物诸如大肠杆菌等易于培养，使用时无功耗，基于合成生物学的侦检技术符合美军化生侦察发展的新要求。2011年，美国国防部即开始布局合成生物学，随后DARPA启动“生命铸造厂”（Living Foundries）计划，专门支持合成生物学项目研究。从目前掌握的资料来看，美军在化生侦察方面取得了一些阶段性成果，基于合成生物学的方法和器材可用于检测有毒化学品、病毒等化生威胁。

（二）融智式发展

目前，美国军方从事与化生侦察相关合成生物学研究的单位主要包括美国陆军作战能力发展司令部化学生物中心、美国陆军传染病医学研究所、沃尔特里德陆军研究所、海军研究实验室、空军研究实验室等。除上述军方单位，美国国家实验室如洛斯阿拉莫斯国家实验室，以及哈佛大学、麻省理工学院、莱斯大学等世界一流高校也被纳入这一科技发展体系，支持军方项目；同时，美国一些高校会组织诸如国际遗传机器大赛一类的全球科技竞赛，这些科技竞赛为美国掌握他国发展水平、丰富已有知识库提供了公开平台。近期印度也参照这一模式，发起了“印度生物工程竞赛”。

（三）实战化导向

分析美军立项的化生侦察类合成生物学项目可见，全细胞、无细胞和

可穿戴体系均是考虑不同实战使用场景而开展的技术研发，实战化导向突出。在其研究工作进展到一定阶段后就有美国陆军作战能力发展司令部士兵中心、陆军阿伯丁试验场等军事试验机构的参与，充分表明实战化测试评价在实验室到战场链路中的重要作用，也体现了美军重视实战化检验、军事科技迭代升级为打仗服务的发展思路。

（军事科学院防化研究院　孔景临　傅文翔　刘卫卫　闫灿灿）

美军化生侦察技术发展动向分析

新冠疫情大流行使国际社会越发意识到，必须加强快速检测和预警能力建设才能有效应对未来不期遭遇的化学和生物威胁。长期以来，美军在化生侦察方面处于领先地位，拥有较为完备的技术装备体系。疫情暴发后，美国更加注重不同领域的交叉会聚，其化生侦察技术研发呈现出无人化、可穿戴、网络化、模型化特征，从而快速精准感知态势、有序做好应对准备，为部队在化生环境下生存和作战提供能力支撑。

一、侦察载体无人化

部队在遂行化生放核侦察任务时极易被沾染而致伤、致残甚至丧命，采用无人系统对目标区域进行初期评估，可大大降低风险，日益先进的传感器与无人载体的结合正成为美军侦察技术研发的焦点领域。2021 年，美军签授7000 余万美元的订单采购了一款名为 MUVE C360 的多种气体探测无人系统（图1）。该系统由美国菲利尔系统公司（FLIR Systems，2021 年1 月被 Teledyne Technologies 收购，更名为 Teledyne FLIR）研制，配有光电离检测器和电化学传感器，能够实时连续监测有毒和可燃气体。人员可以操作无人机进入目标区域，远距离监测受袭情况和空气环境，指导现场救援人员选择最合适的个人防护设备以开展后续工作。MUVE C360 曾赢得 2019“阿斯特”（ASTORS）国土安全铂金奖，被评为“最佳 CBRNE 探测解决方案”（图2）。

图1　MUVE C360 的多种气体探测无人系统

图2　阿斯特国土安全奖

此类侦察无人机的优势还包括通用性强，可根据应用场景，搭配多种有效载荷。美国陆军作战能力发展司令部化学生物中心在载荷模块化方面取得了显著进展，其研发的无人机采用“四轴飞行器”设计，利用四个螺旋桨实现垂直起降，能够拍摄场景图像，并使用传感器收集样本、传递数据，还可携带固体样本收集装置或救援所需补给品。

伴随作战通常要求无人侦察装备先于作战部队行动，为此，美军不断加强装备的无人侦察功能。美军核生化侦察车（Stryker NBCRV）升级项目就包含有无人机，该无人机集成了生物检测传感器，在接收指令后，能够自主搜索并感知生物气溶胶威胁。此外，核生化侦察车还可以通过无人机连接具有自主感知能力的无人地面车辆。

除无人飞行载体外，机器人技术也已经应用于化生侦察和报警。英国国防部和内政部资助开发了一款名为“梅林”（Merlin）的机器人（图3），可在10000米^{2}的区域内自主执行化学侦察任务。该机器人配备了最新款的化学传感器，并应用嵌入式人工智能解决障碍物识别问题，可在复杂环境中准确靠近目标，使作战人员能够远距离掌握化生威胁态势。美国陆、海、空各军种采购的“半人马”机器人，配备有先进的EO/IR摄像头套件、机械臂长逾1.8米，可在防区外检测、识别、处置化生放核危害。

当前，无人侦察技术呈现出遥测、自主、通用性等特点，在化生放核防御领域拥有广阔发展前景。未来，无人车、无人机与有人车辆的协同作战或将成为主流。

图3　“梅林”机器人

二、传感器可穿戴化

小型、微型侦察装备能够减轻后勤负担、提高作战效能，是美军持续追求的目标。

为了研发更加便携的微型传感器，美国国防威胁降低局启动了一项名为袖珍型蒸气化学毒剂探测器（Compact Vapor Chemical Agent Detector，CVCAD）的项目。CVCAD 是美军下一代化学探测器（Next Generation Chemical Detector，NGCD）系列计划的一部分，主要用于检测化学毒剂、非传统化学毒剂、有毒工业化学品等。下一代化学探测器由气溶胶蒸气化学毒剂检测器（Aerosol Vapor Chemical Agent Detector，AVCAD）、近似化学毒剂检测器（Proximate Chemical Agent Detector，PCAD）、用于样品采集和分析的多相化学毒剂检测器（Multi Phase Chemical Agent Detector，MP-CAD）、可穿戴以及可供无人装备搭载的 CVCAD 四个子系统组成。2021 年 6 月，特利丹·菲利尔公司宣布已从美国国防部 CVCAD 项目赢得了一份为期 5 年的合同，将为美军开发首款大批量、可穿戴化生检测装备。当人员遭遇化生威胁时，该装备将感知并报警。据悉，新型多功能检测器不仅能够监测化学毒剂和有毒工业化学品，还具有可燃气体、贫富氧环境检测能力，既能保证吸入气体的安全性，又可用于防范密闭空间内的爆炸危险。为满足人员穿戴要求，特利丹·菲利尔公司的目标是将设备控制在长约 10.16 厘米、宽约 2.54 厘米的范围之内。此外，美国空军也有类似需求：飞机在定期维护或修理过程中，通常需要两名操作人员在油箱内外相互配合并保持沟通，以确保油箱内人员不会受到有毒气体的伤害。但这种方式风险较大，狭小空间内使用手持式空气监测器也十分不便。因此，美国空军也希望得到一款灵活且可穿戴的监测器，不会干扰人员行动且灵敏度较高。

在可穿戴传感器材料方面，研究人员使用了一种辉钼矿薄膜，其片材均包含单层钼原子，夹在一层硫原子之间并以化学方式结合。辉钼矿薄膜材料“掺杂”另一种化学物质后，能对不同的气体分子产生选择性反应，很适合用作毒剂检测。当目标气体靠近薄膜表面时，其分子会改变物理特性，这种变化被检出后，探测器向 Wi - Fi 接收器发送射频信号，然后报警。目前，基于相同原理的设备已经通过实验室测试，更加便携和灵敏的版本有望很快问世。这种可穿戴监测器研制成功后，侦察人员将不必再把大型设备仪器带入战场，未来可能仅需在袖子上缝一块“补丁”就能实现大型设备的作战效能。研究团队下一步计划将检测对象拓展至生物战剂或放射性物质。

除辉钼矿薄膜材料外，美国林肯实验室还研究了一种化学织物传感器，能够通过颜色变化提醒作战人员化学毒剂的存在。织物传感器由嵌入了发光二极管（LED）和光电二极管的聚碳酸酯纤维编织而成，含有变色染料，工作时，LED 发光照射到染料层，一定量的光被反射回来并被光电二极管接收，反射的光量取决于染料的颜色和吸收特性。当染料暴露在有毒化学蒸气中时，染料会变换颜色，从而改变从织物反射的光量。例如，pH 敏感染料从黄色（染料的酸性形式）变为蓝色（染料的碱性形式），则表示检测出了氨气。佩戴者可以持续监测周围环境，当检测到目标化学物质时，传感器能够自动发出警示。目前，该材料已成功检测出甲醛等化学物质，研究团队希望开发一种具有 16 个元素矩阵的贴片，可识别所有化学毒剂及部分有毒工业化学品。

三、信息传递网络化

美军化生放核联合传感器项目经理迈克尔·贝利认为，新冠疫情大流行重塑了化学和生物检测专家们的观念，为了提高预警和通信能力，有必要进一步将军事基地的固定式传感器联入网络。目前，核生化侦察车正逐步进入指挥中心网络体系；为增强远程和移动检测能力，它组合使用六个独立化学传感器，获取有效信息后打包传送，使整个指挥梯队都能共享并获益。2020 年，国防威胁降低局组织开展了美国空军新化生放核侦察系统试验，涉及装备包括无人机传感器、手持传感器等，所有传感器均联网运行，可实时分享数据，提高了遇袭后检测、识别化生放核危害的及时性和准确性。

关于传感器“网络化”，DARPA“西格玛 +”项目负责人马克·罗伯尔（Mark Wrobel）博士指出，通过网络运行的传感器和部分协同工作的传感器，可以智能提取和生成高质量的信息，但鉴于传感器易对良性刺激产生响应，为此需要解决干扰或误报的问题。DARPA 采用多层算法，让传感器学习目标区域的“时空背景特征”，从而建立对真正异常事件的敏感性；在传感技术方面，DARPA 一直致力于提高质谱和拉曼光谱的灵敏度，并积极探究激光技术在分子识别、DNA 测序中的应用。

在“西格玛 +”项目中，区分化生威胁与日常环境刺激是第一级目标。第二级目标则是网络互联，系统将评估某传感器识别的威胁特征与其他传感器上的响应是否有关联，并应用数据建模，提供有关威胁来源和性质的详细信息，从而帮助侦察人员进行决策。DARPA 还在“西格玛 +”项目之下启动了名为 SenSARS 的子项目，以检测空气中的新冠病毒。SenSARS 包括两个阶段：一是寻找新冠病毒的敏感和特异性特征，以区分新冠病毒和其他冠状病毒；二是开发网络化样机系统，包括系统性能的验证测试。

四、监测预警模型化

预警可为作战部队争取更多时间，从而采取及时有效的应对措施，是化生侦察的重要内容。目前，非接触式远程探测系统是美军持续关注并不断加强研究的一类装备；另外，计算模拟与分析能够提前获知传播方式和扩散路径，作为辅助预警的有效手段正逐渐受到美军重视。

在大气流动模拟中，湍流通常被视为最难解决的问题，是预测模型技术的研究重点。近期，美国陆军突破传统算法，研发了一款新的湍流模型，能正确表示热流和重力波，在大气稳定性和气象因素变化很大的情况下也能很好地做出预测。在非战领域，该模型可以改进天气预报和空气污染的预测与控制，帮助规划飞机或无人驾驶飞行器的飞行。在化生放核威胁场景下，该模型接收来自战场的信息后能够通过模拟计算确定化生放核源坐标，进而可在威胁到来之前发出预警。

研究团队使用该智能系统模拟了叙利亚毒气袭击事件，在输入环境条件数据时，该系统能够准确预测毒气的传播距离、高度和速度，其结果与实际记录非常接近。团队负责人表示，风、大气湍流使得这次毒气袭击事件比之前预计得更为严重，若在该模型的基础上建立一个早期预警系统，或能够帮助受袭者逃离该区域。团队的下一步计划是将模型扩展应用到更复杂的环境中，如城市、森林等。

此外，美军在战备训练中也使用了模型仿真技术。例如，美军为“半人马”系统开发了一系列模拟仿真软件，配置有多种虚拟场景，能够模拟无人机、地面车辆、地面雷达和特定传感器的侦察方式，人员可根据任务场景考察组合利用不同装备的侦察效果，从而提高决策水平。

五、结束语

化生侦察无人化涵盖无人机、地面机器人、智能核生化侦察车等多款装备，是自动化的进一步延伸；可穿戴设备试图将传感器和衣物融为一体，是单兵预警装备的理想形式，也为微型传感器发展拓宽了思路；网络化实现了不同侦察平台的互通互联，为信息共享和综合分析奠定了基础；借助计算模拟，部队可以实现综合预警、积极防御。无人装备、可穿戴设备为传感器网络提供节点，计算模型对利用网络节点收集的数据进行分析，这种体系化设计将有助于提升目标区域的化生威胁态势感知能力，值得参考借鉴。

（军事科学院防化研究院　高寒）

美国“西格玛+”项目研究进展述评

化学、生物、放射性、核、高爆（简称化生放核爆，CBRNE）一直是美国面临的最为现实的国家威胁。近年来，利用CBRNE等物质实施的恐怖袭击事件不断触及美国安全防线，给美国CBRNE威胁防御体系带来了巨大压力。为此，美国一直在努力探索和发展能够早期感知CBRNE威胁的新方法、新路径，力求最大限度实时、准确掌控重点地区乃至国土全境的CBRNE安全态势。

一、项目研究概况

2013年，DARPA国防科学办公室（DSO）启动了“西格玛”（SIGMA）项目。该项目首先从应对美国当时最紧迫的核与放射性“脏弹”威胁入手，开展核与放射性探测手段研究。根据项目进展情况，后续逐步扩展至核、放射性、化学和生物等大规模杀伤性武器威胁的全要素监测。

2013年DARPA发布的“西格玛”综合布局公告（BBA）显示，“西格玛”项目为期5年，将分两个阶段完成核与放射性探测能力基础条件建设。

根据实施计划，“西格玛”项目遵循低成本、高效能以及大范围、可部署原则，开展核与辐射传感器相关研究。2017 年，“西格玛”项目如期完成核与放射性传感器研发及性能优化测试任务。

2018 年，基于先期成功经验，DARPA 启动了“西格玛”项目延伸计划——“西格玛+”（SIGMA+）。该计划旨在逐步建立 CBRNE 全谱、早期实时监测响应系统，以实现可覆盖 CBRNE 全谱威胁的感知能力。“西格玛+”在“西格玛”项目基础上，针对威胁监测范围进行扩展性研究，并进一步开展网络集成与系统建设。“西格玛+”重点围绕化学侦检技术、生物检测技术和网络集成与分析技术三个领域开展研究。分两个阶段组织实施：第一阶段主要进行化学及生物传感器、组网和自动分析技术研究；第二阶段重点对整体监测网络进行集成开发（图 1）。网络集成与分析研究工作分 A、B 两期进行，A 期 27 个月，B 期 24 个月。

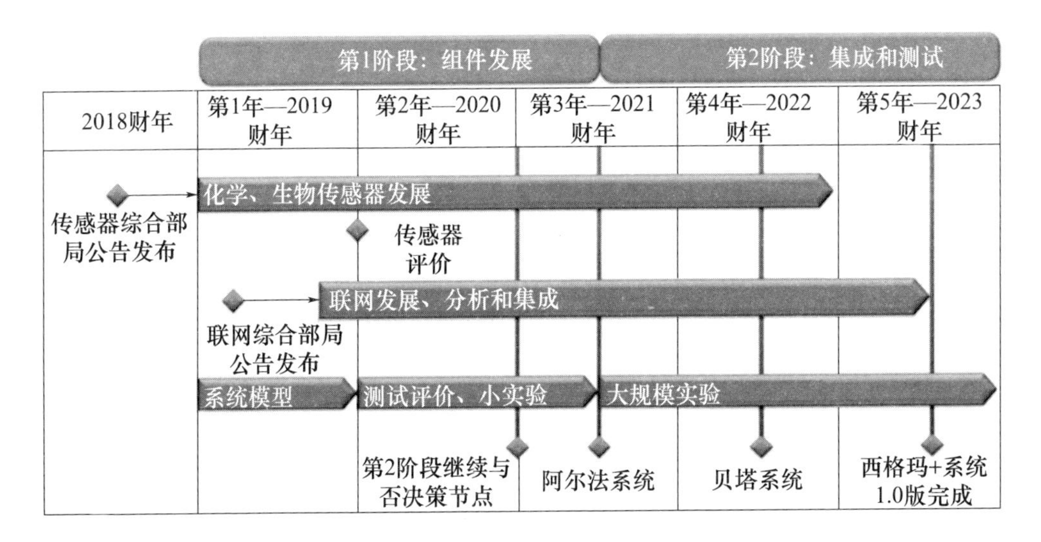

图 1 DARPA 综合布局公告：SIGMA+项目三个发展重点、两个实施阶段、两期网络集成与分析任务时间简表和关键节点里程碑

截至2021年底，“西格玛+”已完成CBRNE基础系统架构部署，包括CBRNE传感器物理组网和网络集成，初步实现了对CBRNE威胁源的自主侦测和自动分析能力。值得一提的是，“西格玛+”专门增设子项目以应对突如其来的新型冠状病毒疫情大流行。

为更好地开展系统开发和优化工作，系统测试评价和大规模实地试验贯穿项目的整个开发过程。通过“印地500”汽车赛、在华盛顿和印第安纳波利斯等城市开展的野外试验验证，“西格玛+”项目基本实现了“CBRN威胁一体化、综合探测能力”的最初设计目标。

二、2021年项目进展情况

2021年，“西格玛+”重点围绕化学和生物传感器性能、网络集成、数据融合和分析等方面开展野外样机测试研究。项目在数次试验中获得了大量基础数据、构建完成了城市地区模拟版本系统网络框架，并对传感器及网络算法进行了评估。11月，“西格玛+”项目组与印第安纳波利斯大都会警察局合作，完成了传感器试点研究和现场测试工作。DARPA首次尝试将CBRNE传感器集成到警车中，即将各种实验室级仪器集成到移动平台，这样便于除指挥中心之外的警员通过平板电脑实时接收监测信息。该测试利用新开发的化学判定系统收集了大量城市环境数据，为后续绘制城市区域化学和生物本底态势图、传感器与算法开发提供支持，以求最大限度降低传感器本底污染源干扰产生的误报率。在测试过程中，研究小组通过控制施放乙醇等化学物质，模拟自制炸药、麻醉剂及其他化学威胁源检验移动传感器的检测效果。

“西格玛+”项目初始设计目标是开发一套灵活、可扩充的网络架构，以便为后续各类传感系统的扩充和融合提供条件。2019 年暴发的新型冠状病毒疫情给“西格玛 +”提出了全新挑战，同时也为“西格玛 +”项目开展革命性研究带来了契机。为应对突如其来的新冠大流行，2020 年 DARPA 在“西格玛 +”项目下增设了名为 SenSARS 的子项目。该项目旨在利用多技术融合开发检测空气中新冠病毒的环境气溶胶生物传感器。2021 年，美国陆军部与 DARPA 合作，通过筛选和技术整合研制了一种可识别引发新冠疫情的“严重急性呼吸综合征冠状病毒”（SARS－CoV－2）生物气溶胶监测器。研究人员利用一个基于石墨烯的传感器平台，通过蛋白质催化捕获剂检测 SARS－CoV－2 病毒。该技术模仿抗体附着机制，利用附着在石墨烯表面蛋白质催化捕获剂（PCC）具有可选择性与 SARS－CoV－2 病毒结合的特性，增加信号输出强度，从而实现快速、准确检测新冠病毒的目的。下一步将重点研究如何将受体集成到传感器中，并最终完成具有更高灵敏度和特异性、更快速、网络化的生物检测样机系统开发任务。

三、核心技术群

“西格玛 +”项目的目标任务分为三个层级：第一层级，在复杂环境干扰条件下如何获得精准 CBRNE 威胁检测数据；第二层级，将获得的传感器数据接入系统网络并实现数据互联和系统综合集成；第三层级，利用数据建模等方法将传感器数据与数据库中的威胁源项数据进行比对，识别生成威胁相关信息。此外，利用关联数据（如恐怖分子数据等）结合相关分析软件，实现 CBRNE 威胁的早期预判及追踪溯源。为达成既定目标，项目主要围绕三个核心技术群开展相关研究：

（一）廉价高效的传感器技术

核与辐射探测器。为解决核与辐射探测器大范围部署带来的高成本问题，“西格玛”项目利用非氦－3 紧凑型热中子闪烁探测器和掺铊碘化铯晶体以及硅光电倍增器伽马探测器两种先进探测技术，开发了辐射探测装置，分别为移动式车载辐射探测器和便携式人员探测器两款。车载辐射探测器为大尺寸伽马和中子探测仪，便携式装置则采用仅为智能手机大小的伽马和中子双模探测器 D3S。探测器成本降低了 1 个数量级，其性能经大规模测试验证较为理想，很好地解决了某些核材料放射性标记强度有限以及环境辐射干扰问题。伽马和中子探测速率增大近 10 倍，定位和识别能力比现有系统提高了 100 倍，能够满足放射源精确定位、强度与种类快速识别及报警功能等项目计划要求。

化学传感器。“西格玛＋”项目要求化学传感器能够在多层建筑内持续、自动监测约 10 千米^2 区域存在的爆炸物、化学毒剂、有毒工业化学品或毒品等，并能够同时探测或鉴定多种痕量化学物质，包括某类威胁的前体。表 1 ~ 表 3 为项目针对化学传感器、联网系统及成本提出的初始目标。

表 1　化学传感器联网系统目标

<table>
<tr><th>参数</th><th>最低值</th><th>目标值</th></tr>
<tr><td>扫描速度，距离*</td><td>0.5 千米^2/小时，3 层建筑</td><td>1 千米^2/小时，3 层建筑</td></tr>
<tr><td>车载* 扫描速度，点取样</td><td>0.5 千米^2/小时：相当于 10 千米^2/小时，分辨率小于 50 米</td><td>1 千米^2/小时：相当于 20 千米^2/小时，分辨率小于 30 米</td></tr>
<tr><td colspan="3">* 一般城区：100 米 × 100 米，标准人行道和两车道；
* 申请人应明确在远程扫描模式下传感器系统能够提供的空间分辨率和定位能力</td></tr>
<tr><td>化学灵敏度和识别能力**</td><td>大于 5 种物质加前体</td><td>无需硬件改动
大于 20 种物质加前体</td></tr>
</table>

续表

参数	最低值	目标值
识别灵敏度**	远程，绝对水平： 小于1.25ppm每米厚度气团，小于60秒集成 远程，可变水平： 小于0.1ppm每米厚度气团 定点取样模式： 小于5ppb，小于60秒内集成	远程，绝对水平： 小于0.25ppm每米厚度气团，小于30秒集成 远程，可变水平： 小于0.05ppm每米厚度气团 定点取样模式： 小于1ppb，小于30秒内集成
**明确列出预期灵敏度和识别能力，包括目标化学物质、可能干扰物等		
识别概率	85%	95%
误报概率	10^{-5}	10^{-6}

表2　化学传感器系统计算目标

参数	最低值	目标值
信号集成后识别事件的延迟时间，传感器级（如单个传感器）	小于5秒	小于2秒
信号集成后识别事件的延迟时间，系统级（如需要分析多个传感器并融合网络背景数据）	小于20秒	小于10秒
网络计算处理指标（对传感器的板载处理）	每传感器小于1赫	每传感器小于0.1赫（最多10赫/千米^2）
网络更新间隔	大于1赫	
数据传输率	每传感器小于10千比特/秒	

表3　化学传感器系统成本目标

参数	最低值	目标值
系统成本	小于60万美元/千米^2	小于30万美元/千米^2
年运行成本	小于5%的初始购买费用	小于2.5%的初始购买费用

“西格玛+”化学探测器由马萨诸塞州安多弗的物理科学公司和比尔里卡的布鲁克探测公司共同开发，目前该化学探测器仍处于测试优化阶段。

生物传感器。环境中病原体等生物威胁源的监测是“西格玛+”项目甚至是CBRNE威胁防御中最具挑战性的研究领域之一。“西格玛+”提出，将通过寻找各类病毒敏感和特异性表征，开发具有低误报率、能快速对可能由恐怖分子释放的炭疽、天花或瘟疫等病原体进行识别和预警的生物传感器。开发此类生物传感器面临的主要挑战包括敏感性、特异性（精确度和召回率）、可接受的假阳性率、检测速度，以及传感器制造成本、尺寸、重量、功率要求等方面。

项目提出两种传感器需求，即用于监测空气中生物气溶胶威胁的移动式环境传感器，以及可对人员进行监测的传感器。其中，移动式环境传感器需要具有实时联网监测能力，利用气象数据等其他背景数据，实现低误报率、高灵敏度的预期目标。表4～表6为“西格玛+”项目针对生物传感器、联网系统及成本提出的初始目标。环境生物传感器网络最终要实现100千米^{2}范围的大规模监测能力。

表4　生物环境探测系统传感器网络系统目标

参数	最低值	目标值
系统扫描速率	4小时内1千米^2 100米、0.9像素/英寸分辨率 一次扫描小于30秒且能够定位 5秒信号峰值	4小时内1千米^2 100米、0.1像素/英寸分辨率 一次扫描小于30秒且能够定位 5秒信号峰值

续表

参数	最低值	目标值
生物剂灵敏度	无需改动硬件可适应	无需改动硬件可适应
	识别 40 种以上病原体	识别 40 种以上病原体
	小于 1500CFU 或 PFU	小于 300CFU 或 PFU
识别概率	85%	95%
误报率	小于 10^{-6}	小于 10^{-7}

表 5　生物环境探测系统计算目标

参数	最低值	目标值
信号集成后识别事件的延迟时间，传感器级（如单个传感器）	小于 5 秒	小于 2 秒
信号集成后识别事件的延迟时间，系统级（如需要分析多个传感器并融合网络背景数据）	小于 20 秒	小于 10 秒
网络计算处理指标（对传感器的板载处理）	每传感器小于 1 赫	每传感器小于 0.1 赫（每千米^2 最多 10 赫）
网络更新间隔	大于 1 赫	
数据传输率	每传感器小于 10 千比特/秒	

表 6　生物环境探测系统成本目标

参数	最低值	目标值
系统成本	小于 6 万美元/千米^2	小于 3 万美元/千米^2
年运行成本	小于 5% 的初始购买费用	小于 2.5% 的初始购买费用

“西格玛+”生物传感器由俄亥俄州哥伦布市的巴特尔纪念研究所开发，目前该生物探测器仍处于研发测试阶段。

DARPA针对基于人体监测的传感器也提出了相应目标要求。此类传感器设计为一种两级生物检测系统，对呼吸道传染病检测时间上要求比现有技术减少3周，同时检测器应具备能够提前数日探测到大规模生物袭击的能力。“西格玛+”项目提案目标见表7～表10。

表7　基于人体的生物探测系统目标

参数	最低值	目标值
传感器类型	生物标记物传感器+显示系统+即时诊断平台	
病原体灵敏度和选择性	对A、b流感，呼吸道合胞病毒（RSV），中东呼吸综合征（MERS－CoV）和任一相关呼吸道病原体识别95%	对A、b流感，RSV，MERS－CoV和任4种其他呼吸道病原体识别95%
检测概率，出现症状后天数	80%，0天前	95%，3天前
病情预测准确度，出现症状后天数	80%，3天后	95%，1天后
成本，生物标记传感器加显示	小于1000美元/台（1000台）	小于500美元/台（1000台）
成本，即时诊断平台	小于1万美元/台，每次50美元	小于4000美元/台，每次10美元

表8　病情严重程度界定

参数	氧气水平	肺炎临床证据	所需护理
轻度	大于90%	无	不需要
中度	85%～90%	无	看急诊室
重度	小于85%	有	住院

表 9　外部读数传感器子系统目标

参数	最低值	目标值
操作系统	安卓或苹果系统	
电池寿命	大于 2 天	
尺寸	和智能手表或运动跟踪器类似	
重量	小于 100 克	
数据缓存	需要	
网络计算处理需求	每传感器小于 0.05 赫	每传感器小于 0.01 赫

表 10　病原体即时诊断子系统目标

参数	最低值	目标值
传感器类型	生物标记物传感器 + 显示系统 + 即时诊断平台	
病原体灵敏度和选择性	对 A、b 流感，呼吸道合胞病毒（RSV），中东呼吸综合征（MERS – CoV）和任一相关呼吸道病原体的识别达 95%	对 A、b 流感，RSV，MERS – CoV 和任 4 种其他呼吸道病原体的识别达 95%
出结果时间	70 分钟	30 分钟
样品类型	拭鼻	拭鼻、洗鼻、唾液
化学发光免疫分析（CLIA）法状态	摒弃/简单	
尺寸，质量	小于 5 升，小于 3 千克	小于 2 升，小于 1.5 千克
电源	电池和外接电源两用	

（二）基于云的灵活、可拓展综合网络集成系统

“西格玛 +”项目利用物联网技术将成千上万个探测器进行集成，通过 Wi – Fi 和蜂窝网络系统将这些传感器连接到美国各城市的基于云的骨干网络。“西格玛 +”搭建的骨干网络将数据、算法及各种接口和交互能力进行有机整合。项目初期就开发了可连接万级小型辐射检测传感器的软件和网联基础设施，可接收、分析和存储成千上万个光谱传感器的数据。同时，构建了能实时自动分析传感器获得的流式数据能力的云计算基础设施，这些传感器通过双向通信和传感器融合算法结合，可实现近乎实时的响应能力。

“西格玛+”项目整体设计和建设理念是打造能够自动检测威胁的分布式传感器网络。针对现有和未来应用目标及使用场景，“西格玛”项目建设初始就在网络设计和布局方面最大限度地预设了拓展空间。正是基于灵活、可扩充的网络架构设计，“西格玛+”得以将核与放射性、化学与生物传感器，甚至其他种类传感器轻松接入该网络框架，新增设的 SenSARS 项目便是最好证明。这种可支持多种操作概念和部署方案的系统架构成为“西格玛+”综合集成网络系统的优势能力之一。

（三）智能感知与分析技术

随着 CBRNE 威胁极端化和复杂化特点的日益显现，对其监控和感知的启动时间也需不断前移，在事件初露端倪之时，甚至在事件未形成之前就要对出现的蛛丝马迹进行预判。尽可能多地掌握与威胁事件相关的全链条、多维度信息，对提升威胁监测能力至关重要。为此，“西格玛+”项目不断完善 CBRNE 威胁相关数据库建设和决策分析软件开发，以期为实现 CBRNE 威胁智能感知与分析能力创造条件。

在数据库建设过程中，“西格玛+”项目通过数次试验采集了大量复杂城市背景数据，为降低因背景干扰源产生的误报、提高监测准确性提供了数据支撑。为加大对可能实施 CBRNE 威胁的恐怖分子的监控力度，系统还增加了具有潜在释放和制造此类威胁事件的涉恐人员等多维度信息。在数据模型和软件开发方面，项目采用多层算法，提高传感器本底环境特征识别能力。同时，美国恐怖主义及应对策略全国研究联盟（START）协助开发了用以识别来自非国家行为体 CBRNE 威胁的系统程序。利用 START 开发的“公众社交系统预期模型”和“敌方武器选择程序辅助系统”，提高系统对 CBRNE 威胁风险的预判和感知能力。

四、结束语

经过近 10 年的发展，美国“西格玛 +”项目利用传感器、云端网络、分析建模等技术构建的 CBRNE 威胁态势感知综合系统已初具雏形。该系统灵活扩充、交互可兼容、智能可分析、功能强大，变革了以往零星、分散、僵化、迟滞的 CBRNE 监测体系模式，为未来城市及国家构建核生化等大规模杀伤性武器威胁综合监测体系提供了相对成功的参考范式。与此同时，从“西格玛”到“西格玛 +”整个研发过程中，DARPA 采用颠覆性创新方法跨越了基础研究到商业应用之间的“死亡之谷”，将大量基础研究成果快速、高效转化为实际应用，成为项目实现预期目标的最大保障。

（军事科学院防化研究院　滕珺　李发明　赵钦　解本亮　李文文）

可穿戴传感器成为美军化生侦察新突破

发展尺寸小、重量轻和低功耗（Low SWaP）的廉价传感器件是近年来美军在化生放核防护领域布局的重要方向，其中可穿戴传感器的研制是经费投入的重点。美军通过国家实验室、大学等研究机构和军方合作的方式，推动实验室成果快速转化应用于实战。目前，美国国防威胁降低局联合科学技术办公室和化学生物、放射/核防御联合计划执行办公室资助和共同管理可穿戴传感器研制五年计划项目。

2021 年 6 月，美国国防部与智能传感技术公司特利丹 · 菲利尔公司签订了价值 400 万美元的合同，为美军开发一种“大规模可穿戴式”化学探测器，以保护遂行任务人员免受战场上的化学和生物武器威胁。据特利丹 · 菲利尔公司称，可穿戴的袖珍型蒸气化学毒剂探测器（Compact Vapor Chemical Agent Detector，CVCAD）是五角大楼下一代化学探测器计划的第四部分，该计划旨在向美国军队部署一系列改进的化学探测器。这是特利丹 · 菲利尔公司在该系列中获得的第三份合同。

一、美军对可穿戴传感器的性能需求

为减轻遂行任务人员负担，传感器的重量和功耗等要尽量低，尺寸也要尽可能小，目前美军提出的传感器的长和宽分别要控制在 10 厘米和 2.5 厘米左右。

美军提出可穿戴传感器侦测对象的范围不仅包括化学毒剂、有毒工业化学品、易燃易爆气体等，还要求传感器应判别存在于爆炸性环境中的富氧或贫氧水平，以帮助美军能够判断空气是否可以安全呼吸以及是否可以在不引发爆炸的情况下开火。

在搭载平台方面，可穿戴传感器不仅单兵方式使用，还可集成到无人机和地面机器人等无人平台上运用；软件方面，美军要求可穿戴传感器应具有人工智能和机器学习能力。

二、目前美军掌握的可穿戴传感关键技术

（一）织物的选择

实战中可穿戴传感器要具有足够的鲁棒性，一般要经受大角度弯折，织物等基底材料对于可穿戴传感器的研发至关重要。美国陆军工程研究和发展中心支持下的一项研究中，科研人员选择了有别于传统织物的 Dartex-Exoskin®——涂层氨纶织物搭载可穿戴传感器。这种织物具有优良的柔性、延伸性以及防水和抗摩擦性能，可以实现 180°弯折。

（二）基于织物的固相传感技术

在化学毒剂可穿戴传感研究方面，美军将神经性毒剂水解酶如有机磷

酸酐水解酶（OPAA）或有机磷水解酶（OPH）固定化，G 类神经性毒剂的 P－F 键可以被切断产生氟阴离子（F^-），再通过离子选择电极（ISE），传感器即可出现电学响应。该团队将基于织物的柔性可延展固相接触式氟化物传感器丝网印刷到战士的作战服上，实现了对所处环境中神经性毒剂的监测。

（三）柔性水凝胶传感技术

美国空军研究实验室已开发出具有角膜接触镜等软性隐形眼镜相容性特点，仅米粒大小的柔性水凝胶传感器，其采用发光的荧光分子作为敏感材料，对战士体内氧气、葡萄糖或其他目标物的浓度进行监测，并可检测所处环境的化学物质或传染性病原体。

图1 所示为基于荧光材料的水凝胶智慧皮肤传感器的组成。美国空军研究实验室正在与 Profusa 公司、NetFlex 合作进行系统实验研究。NetFlex 是一个由美国政府、行业和科研机构组成的联盟组织，旨在推进柔性混合电子元器件的制造。经美军陆军环境医学研究所（USARIEM）安排，士兵在突击队员训练中身上均带有可穿戴传感器获得各类详实数据。

（四）合成生物学用于可穿戴传感

美军大力推动合成生物学用于化生侦察，已有项目将无细胞合成生物学体系与柔性织物结合，把 DNA 或 RNA 中储存的基因线路保存在冻干的无细胞（Freeze-Dried Cell-Free，FDCF）系统，研发出可穿戴冻干无细胞（wearable FDCF，wFDCF）传感器。该传感器能够随身使用，从而实现实时实地检测监测。他们利用基因编辑技术开发出一款口罩，该口罩上负载的 wFDCF 可对小分子、核酸、生物毒素等进行检测，还能够检测新型冠状病毒。

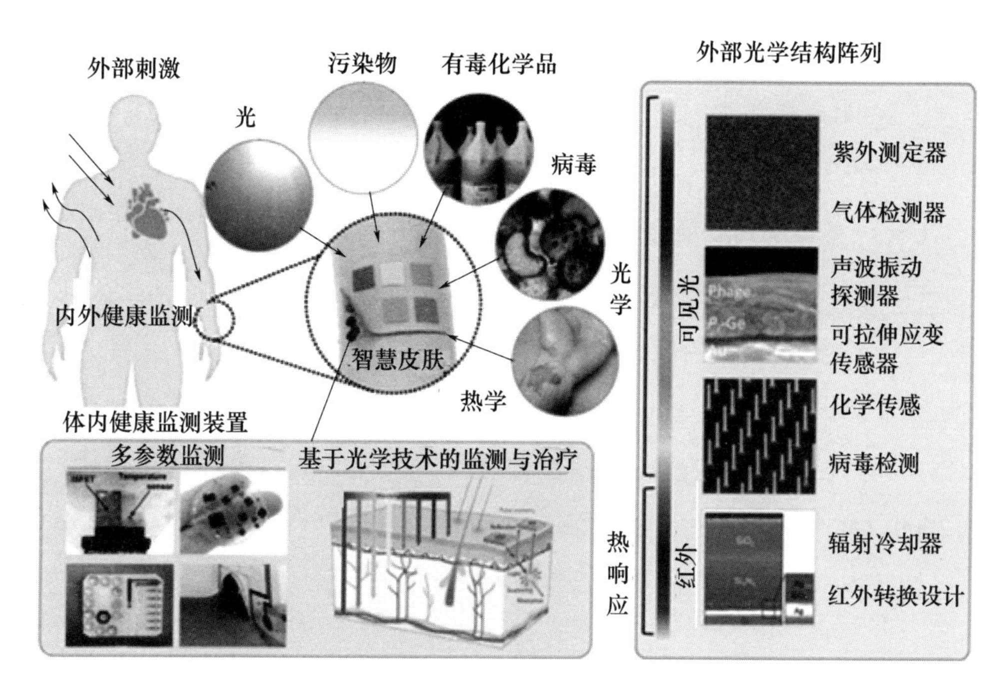

图1　基于荧光材料的水凝胶智慧皮肤传感器

三、几点启示

（一）可穿戴技术成为主要国家化生防御领域研发热点之一

美军高度重视可穿戴传感器对于作战行动的重要作用，并在顶层设置研究计划加以支持。除对作战环境的化学生物威胁作出监测外，他们还加强系统设计，与监控遂行任务人员健康状况的传感元件整合，实现功能拓展，多参数监测成为可穿戴传感器的特点。英国国防部下属的防务科技实验所也在大力开发各类可穿戴系统，提高战场感知能力。

（二）强化组织机构建设形成各方合力

美国从体制机制上保证了民间力量，尤其是一流科研机构将先进技术向军事领域转化，正如前文所述，为了推动可穿戴传感的迅速应用，他们成立了 NetFlex 组织。有了组织基础，科研资源的统筹配置将更加合理，集智攻关的效率也将提升。

（三）实验室到战场之前重视试验评估

可穿戴技术的先进性毋庸置疑，技术途径的多样性也常见报道，但作为遂行作战任务、携带在单兵身上的装备，其安全性、可靠性需要大量实验研究、测试评价和作战试验才能得出结论，这才是装备多次迭代改进的依据。美军在可穿戴传感器测试方面做了较为扎实的实验，有报道称，其以 2000 人的规模组织过实战化测试，对各项指标进行评估。这些重要的测试考核数据也为装备研制、作战使用提供了重要参考。

（军事科学院防化研究院　孔景临　赵钦　刘卫卫）

DARPA启动研发智能生化防护系统

新冠肺炎大暴发、化学事件此起彼伏（贝鲁特大爆炸、叙利亚化武疑云、诺维乔克事件等）凸显了研制高效能防护装备以抵御生物与化学威胁的必要性。2021 年3 月，DARPA“个性化防护生物系统”（Personalized Protective Biosystem，PPB）项目正式启动，旨在开发一个轻便灵活、能够实时自主探测并消解生化危害的智能防护系统，最大限度地提升严峻环境下作战能力。

一、项目背景

近年来，生物和化学危害事件愈显普遍和多样，致病乃至致命性颇高，对作战、维稳等军事行动构成重大风险。而当前即便是最先进的个人防护装备也存在诸多缺陷，例如：①适用范围窄，不同等级、不同类别的防护装备通常是以一项策略应对一类威胁，本质上不具备适应性。②典型的个人防护装备多是由笨重的防护服和呼吸器组成，增加了热应激效应、重量、后勤等额外负担，视野不开阔，人员机动性、灵活性受限，给作战带来负面影响。③穿、脱、洗消过程中稍有不慎就会造成二次污染，为此需要依托辅助设施，且程序繁琐、耗时甚多，致使任务时间大大缩减；项目公告文件提到，2014 年西非、2017 年刚果埃博拉疫情期间，每天 8 小时工作时间内，减去穿、脱、洗消的时间，护理人员大约仅余 2 小时用于救治患者。

为解决传统防护装备的局限性，2019 年 11 月，DARPA 发布 PPB 项目招标公告，将综合利用新颖轻质防护材料与新兴预防性医学技术，降低有毒化学品和病原体对人体的侵害，为部队提供广谱、速效、按需、持久型防护能力，从而使美军在未来涉及生化威胁的作战或救援行动中享有更大优势。

二、研究内容及进展

该项目主要有两个技术领域（图 1）：一是开发可阻隔或灭活生化战剂的轻质反应性材料，防止生化威胁接触人体，形成第一重保护；二是构建组织屏障，消除试图侵害人体脆弱部位（如皮肤、眼睛、呼吸系统）的生化战剂，形成第二重保护。总目标是通过构筑两道防线，抵御炭疽杆菌、有机磷化合物、阿片类药物、病毒性出血热、流感等至少 11 种生化威胁（技术领域 1 是 10 种，技术领域 2 是 5 种，其中 4 种与技术领域 1 相同；见表 1)，且连续 30 天保持有效，以执行长时间作战和救援任务。

（一）防止接触

技术领域 1 将综合利用酶催化、分子、纳米孔等技术开发一款以阻断、降解或以其他方式将生化危害与人体隔离的反应性智能材料，能够覆盖全身，穿戴时间小于 10 分钟。材料本身应具备灭活、防附着等功能，以避免穿脱、洗消过程中意外操作而导致交叉污染；且必须耐用、耐风雨，冲击磨损、接缝破裂强度、冲击切割阻力等性能指标应高于现役美军制服。新型材料制成的装备还必须重量轻，透气性好，后勤负担接近于零（如没有呼吸器、热负荷可以忽略不计），不会给军事行动造成困扰，以便于在恶劣、偏远、基础设施匮乏的环境中部署使用。

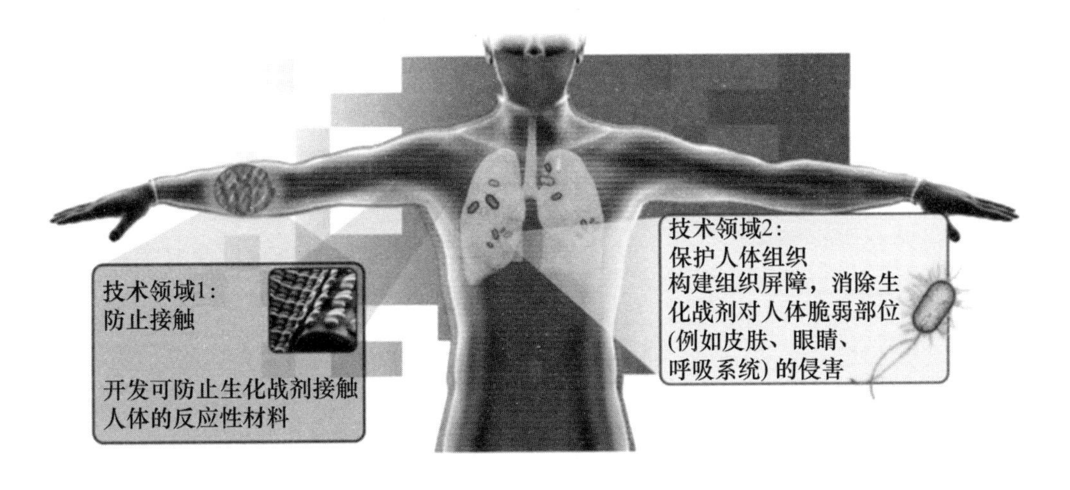

图1　个性化防护生物系统示意图

（二）保护人体组织

技术领域2将在人体脆弱部位（如皮肤、眼睛、呼吸系统）配置使用生化战剂降解酶、共生生物（如生活在人体中的细菌群）、高稳定性生物纳米离子或其他防护技术，降解试图侵入人体的生化战剂；目标是为人体组织构建一道防护屏障，以便技术领域1失效或缺乏时启用。其组件应能够即插即用，可针对不同的生化威胁按需配置，使用吸入器、滴管等小型手持装置自行给药。基于活体的组件还必须配有可体内激活或停用的“切换开关”等多种安全措施。PPB防御对象如表1所列。

表 1 PPB 防御对象

类别	名称	技术领域 1	技术领域 2
细菌	炭疽杆菌	√	√
	金黄色葡萄球菌		
	土拉弗朗西斯菌		
化学	硫芥子气	√	
	有机磷（GB、VX）	√	√
	氨	√	
	氰化氢		
	氯	√	
	氯甲酸甲酯		
	二氧化硫		
	二氧化氮		
	二氯甲烷	√	
	合成阿片镇痛药（卡芬太尼、瑞芬太尼）	√	
寄生虫	疟疾（恶性疟原虫、卵形疟原虫、疟原虫）		
毒素	蓖麻毒素	√	
	海洋神经毒素（河豚毒素、石房蛤毒素、赤潮藻毒素）		√
	肉毒杆菌毒素		
病毒	委内瑞拉马脑炎病毒		
	病毒性出血热（埃博拉、马尔堡、拉沙热、黄热病）	√	√
	流感（A、B、C、D 型）	√	√
	鼻病毒		
	冠状病毒（α，γ，MERS，SARS）		

资料来源：2019 年 11 月 DARPA PPB 项目公告文件。

注："√"代表必须要应对的威胁。

该项目为期 5 年，分为 3 个阶段：第一阶段是材料和技术研发（2 年）；第二阶段是集成（2 年）；第三阶段是人体测试（1 年）。2021 年，DARPA

向三家单位签授了总价值约5530万美元的研发合同。

菲利尔系统（FLIR Systems）公司的合同金额为2050万美元，启动资金1120万美元已拨付。团队将开发一款名为“集成士兵防护系统”（Integrated Soldier Protective System，ISPS，图2）的新型织物，通过在轻质防护材料中嵌入抗菌剂、吸附剂等化学物质消除或降低生化危害。5年后交付织物和服装样品。

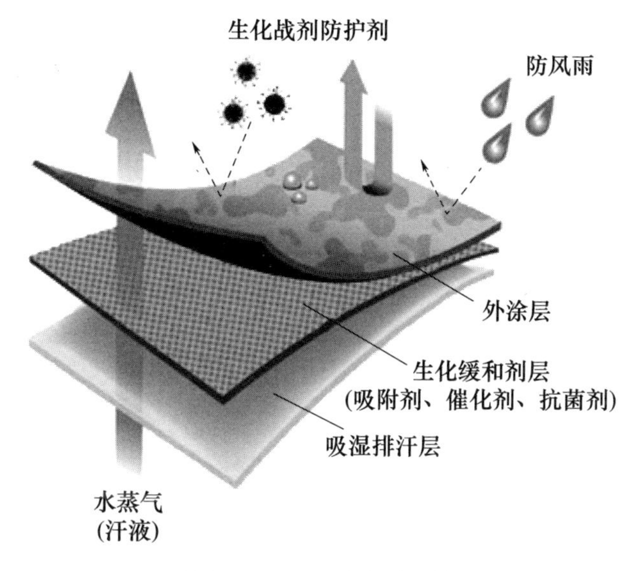

图2　集成士兵防护系统

查尔斯河分析（Charles River Analytics）公司将对转基因共生生物（如钩虫、血吸虫）及其分泌神经毒素中和生化威胁的潜力展开研究。此项目经费约1550万美元。

莱多斯（Leidos）公司将开发一个名为“活性多类别战剂消解智能防护一体化动态集”（Smart Protective Integrated Dynamic Ensemble for Reactive，Multifaceted Agent Neutralization，SPIDERMAN）的产品组合，集成利用轻质防护材料（图3）和人体组织防护对策，可以在不了解战剂性质的情况下启动生化防护，以应对各种新兴和不明威胁。此项研究成本加固定费用总上限为1930万美元。

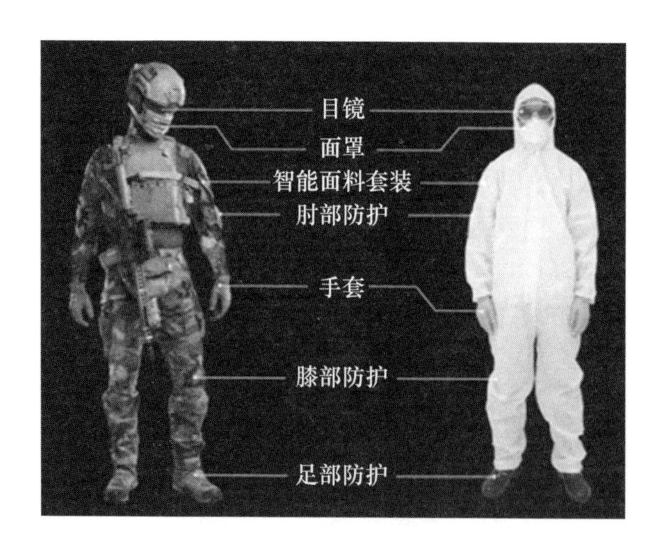

图3　新型轻质防护材料将用于制作防护服、靴子、手套、护目镜等装备

此外，PPB团队还正与美国国防部化生放核防御联合项目执行办公室、生物医学高级研究和发展管理局、美国疾病控制与预防中心下属的个人防护技术国家实验室、世界卫生组织等机构合作，协力推进项目研发。

三、基本认识

一是强调向自然系统学习，着力提升防护装备的环境适应性和动态响应能力。PPB公告文件称，项目将从自然系统防御各类威胁的方式方法中寻找创新线索，比如鲨鱼皮自带防污功能，防护材料可以模仿其构造和纹理来抗菌；人体内的细菌群能够感知并防止环境细菌和真菌感染，善加利用也可防范生化威胁。自然生物在与严峻环境抗争的过程中积累了丰富的生存策略，美军对此展现出浓厚兴趣并积极挖潜其军事价值。2021 年 3 月，《美国化学会杂志》（American Chemical Society，JACS）刊文称美国科学家采用内部蚀刻法制备出一种新型黑色素，可作为解毒剂保护皮肤、织物免受毒素和辐射危害。研究人员与美国海军研究实验室合作，验证表明该选择性多孔材料能够有效阻隔神经性毒剂气体模拟物，未来可制成透气性防护涂层，在制服、面具等装备中有较大应用前景。

二是防消一体、广谱通用成为防护装备研究领域的一大热点。在新技术的赋能下，生化防御趋于常态化，未来日常穿戴的制服可能会兼具生化防护功能。PPB 已经表达了这一愿景。美军积极寻求能够防护多种化生放核危害的多功能材料，投资开展了多项研究，并取得了不俗进展。2021 年，美国国防威胁降低局、西北大学等机构合作，成功研制出一款 MOF/聚酯纤维复合织物，能够有效降解化学毒剂、灭活生物战剂，可用于制作防护服、口罩等装备。

三是更加注重集成创新、一体设计。在现代战争中，战场环境瞬息万变，各种突发状况以及未知、新兴威胁层出不穷，防护装备正从应对单一风险向应对多种危害转变。为适应这一趋势，美军越来越强调一体化、系统性设计，更加注重综合预警。比如，在生化防御领域，一直以来事前防护和事后救治基本没有关联，而 PPB 整合多学科、跨领域知识，协同侦、防、消、救技术联合发力，为防护装备发展提供了新思路。再如，美国国防部化生放核防御联合项目执行办公室一再主张其实现现代化的策略之一就是由开发单个、独立产品的旧范式转型为发展集成和分层防御能力，形成一套涵盖化生放核防御全过程的产品组合，最终目标是打造一支富有韧性、攻无不克的联合力量，使部队能够不受化生放核环境束缚而战斗并赢得胜利。

（军事科学院防化研究院　李文文　赵钦　解本亮　黄凰）

国外新冠病毒监测、防护、洗消技术研发进展

随着新冠肺炎的持续蔓延和疫情防控的常态化，如何借助科技手段降低病毒侵扰，使工作、学习、旅行等日常活动更加安全，日益成为紧迫课题。世界各国全力开展应急研究，在推动疫苗、药物、检测等医疗技术突飞猛进的同时，环境监测、防护、洗消等领域也涌现出许多新成果。

一、国外新冠病毒监测、防护、洗消技术研发概况

（一）竞相发展高灵敏度、高特异性病原体实时识别技术

快速精准识别病原体对控制和阻断疫病传播至关重要。

2021 年 2 月，美国史密斯探测（Smiths Detection）公司宣布其研制的新型生物气溶胶采集和识别设备——BioFlash 生物识别仪（图 1），经美国陆军传染病医学研究所（俗称德特里克堡生物实验室）测试，能够在数分钟内检出空气中的低浓度新冠病毒。随后被俄勒冈、马里兰等多所大学成功试用于校园环境监测。

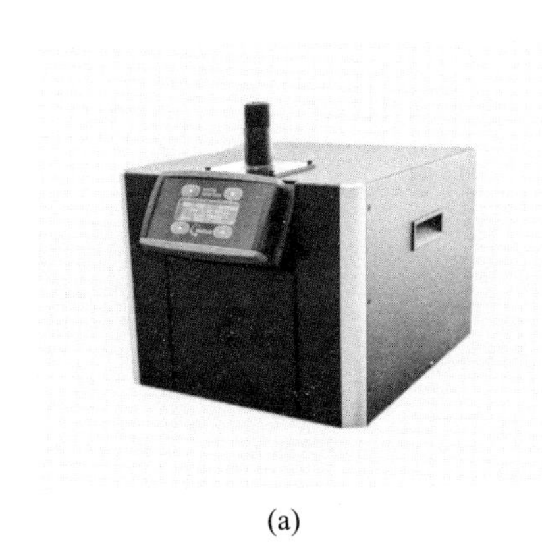

(a)

(b)

图 1　BioFlash 生物识别仪

3 月，DRAPA 的 SenSARS 项目（“西格玛 +”子课题）与美国佐治亚理工学院签订协议，将研发一款可探测空气中新冠病毒的传感器。该传感器采用佐治亚理工学院基于电子学的病原体实时识别技术和分包商卡尔迪亚生物公司专有的石墨烯基生物门控晶体管，研发成功后可装配于飞机、火车、饭店、办公室、学校、公共交通枢纽等室内环境的通风系统，有望降低新冠传播风险。

5 月，美国 BioFlyte 公司发布便携式“哨兵”新冠病毒探测系统（Sentinel Airborne COVID – 19 Detection System，图 2），可实时监控空气中的冠状病毒和其他呼吸道病原体。该设备由生物捕获 z720 手持式空气采样器和影像阵列聚合酶链式反应样品分析系统组成；能够以 200 升/分钟的高流速采集空气样本，60 分钟内完成检测，相比需要异地实验室处理、周期至少一天的现有检测手段更具时间和成本效益。该系统未来可能会部署应用于海上、工业场所和住宅区的安全防护。

9 月 14 日至 17 日，在英国伦敦国际防务展（DSEI 2021）上，克罗梅克公司展出了其新研的“克罗梅克”自动病原体扫描仪（Kromek Automated

Pathogen Scanner，KAPScan）。该扫描仪有AS和AT两个型号，AS可早期识别所有空气传播的病原体，AT专用于新冠病毒（图3）。其中AT利用靶向分子检测技术通过测定Orf1ab基因确认空气中是否存在新冠病毒及其变异毒株，可在症状显现前数天预警，从而有针对性地采取核酸检测、隔离、消毒等措施。该设备60分钟出结果，每隔30分钟自动报告，室内、户外、静止、移动状态下均能连续或按需运行。

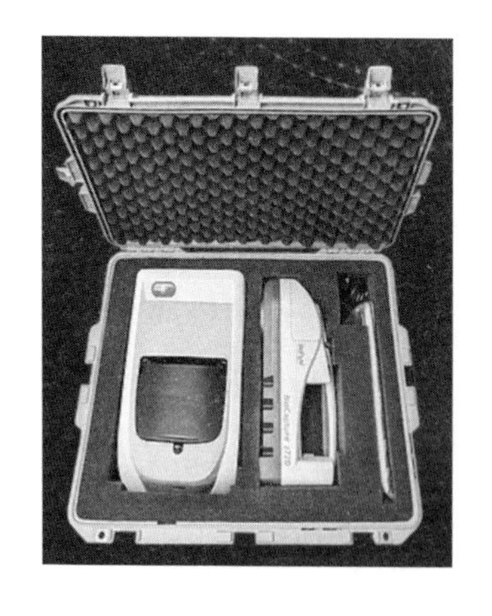

图2 “哨兵”新冠病毒探测系统

图3 “克罗梅克”自动病原体扫描仪

美国国防部“威胁暴露快速分析”（Rapid Analysis of Threat Exposure，RATE，始于2018年）项目通过智能手表和戒指跟踪人员心率、呼吸频率、体温、睡眠状况等生物特征数据，可以在症状显现前48小时检测到新冠肺炎等疾病。据悉，准确率达到了73%，将有助于遏制新冠肺炎等传染病的传播，使部队更好地保持战备状态。

（二）防护技术更加强调舒适、耐用、易清洁

新冠疫情暴发后，口罩、防护服等一次性防护装备消耗量暴涨，由此产生了数万吨的塑料垃圾，既造成极大浪费，未来数百年间还可能会持续污染生态环境。另外，现有的个人防护装备大多是为工业场所或应急救援等特殊场合而设计的，存在生理负荷大、舒适性差、交流困难等缺陷。此次疫情持续时间长、波及范围广，上述问题就显得更为严峻。发展可重复使用、环境友好、成本适宜、兼具安全性和舒适性的新型防护装备成为各国攻关重点。

2021 年 2 月，英国欧佩克化生放核爆（OPEC CBRNE）公司发布了一款名为“蝰蛇”－4 型的抗病毒一体式轻质防护服，可洗涤 30 次，舒适度和透气性好，能够有效避免穿戴人员过热和过度出汗（图 4）。

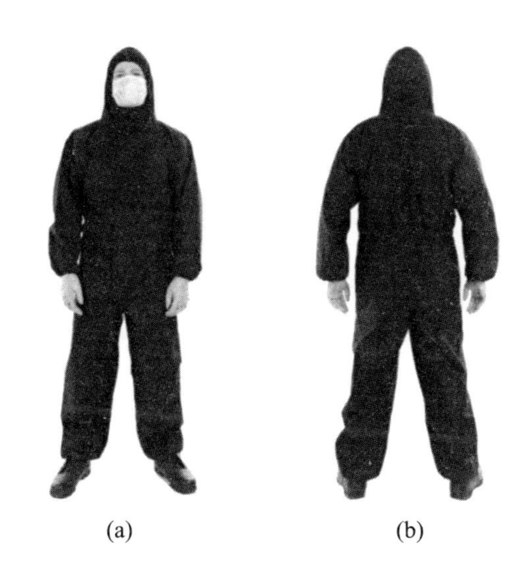

(a) (b)

图 4 “蝰蛇”－4 型抗病毒一体式防护服

8 月，英国 BAE 系统公司负责潜艇业务的工程师牵头研制了一款适用于所有脸型和尺寸的医用头罩（图 5），协助医护人员抗击新冠疫情。该头罩采用带有特殊降噪功能的新型空气歧管系统，能够提供连续的清洁过滤空气，其大尺寸全脸型面板可显著降低“雾化”，视野更为清晰开阔，有助于改进医护人员和患者之间的沟通交流。在研制过程中，研究人员使用 3D

打印技术加速进度并降低了成本，从概念到样品仅用时 11 个月。据称，该头罩价格低廉、舒适度好、易于清洁、能够重复使用。

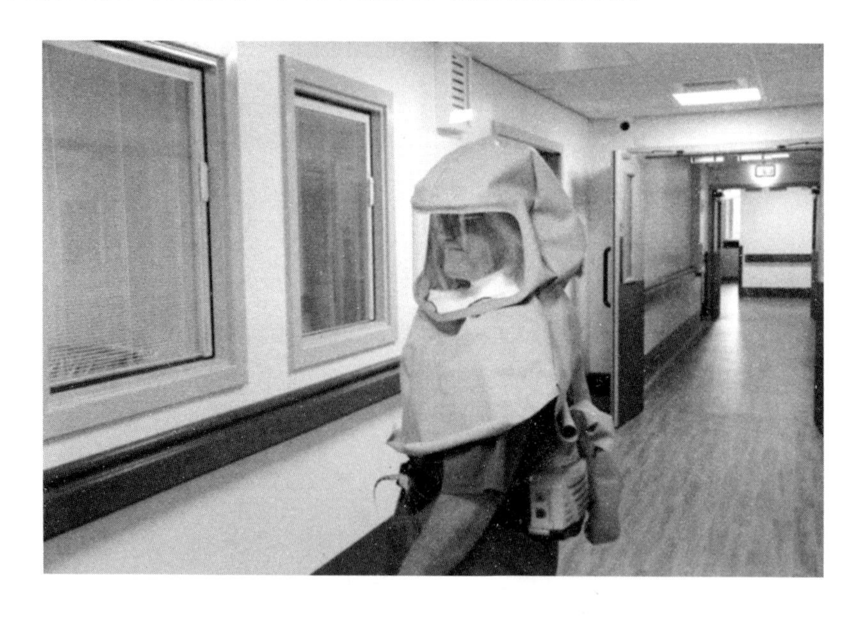

图 5　英国 BAE 系统公司牵头研制的医用头罩

新冠疫情初期，各国口罩一度短缺，而普通口罩无法通过消毒循环利用，进一步加剧了供需矛盾。美国桑迪亚国家实验室研制出一款使用医院常见的高压灭菌法即能消毒的可拆解口罩，内置的 N95 材料便于更换、可以过滤吸入和呼出的气体，配有谐振器，能够传输语音，使交流更为顺畅（图6）。该口罩获 R&D100 创新奖（美国科学技术创新奖，号称美国科技界的奥斯卡奖）。以色列理工学院宣称研发出充电消毒口罩，通过将内层碳纤维加热到 70℃ 杀灭新冠病毒；带有 USB 接口，可利用手机充电器连接电源，消毒过程约需 30 分钟。据悉，测试期间，口罩样品被加热 20 次后防护性能未受影响（图 7）。受美国国防威胁降低局资助，麻省理工学院和哈佛大学联合开发了一款诊断型口罩，该口罩嵌有生物传感器，激活后大约90 分钟内就能检测出佩戴者是否感染了新冠病毒。日本综合利用高科技碳纤维材料 AIRism、特殊防晒材料、高性能抗菌膜制成了一款“清凉口罩”，既可以隔离和防护病毒，还兼具防晒、透气等功能。

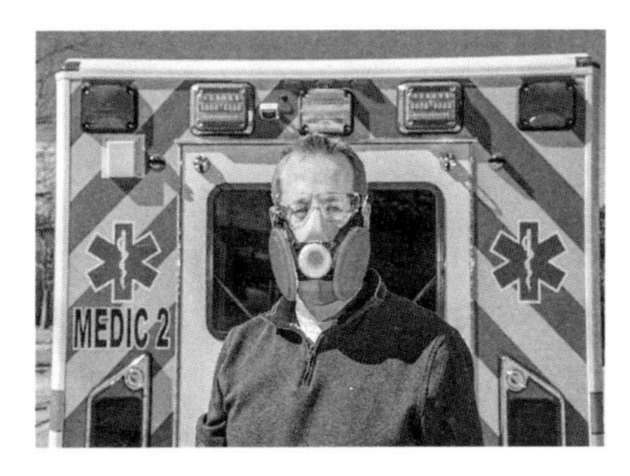

图6　可重复使用的口罩

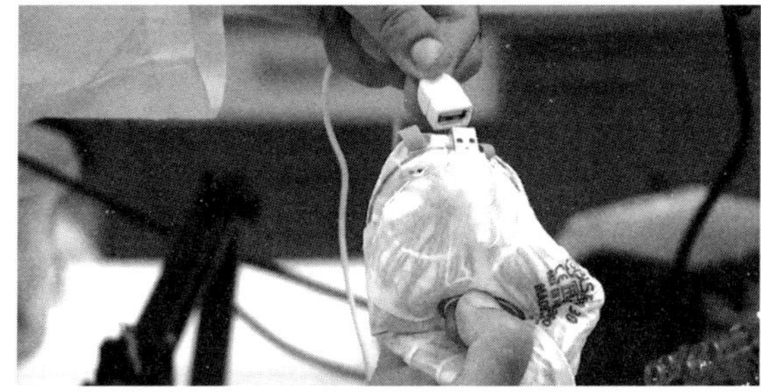

图7　充电消毒口罩

（三）新冠疫情加剧了对安全、高效、持久型洗消技术的需求

洗消是疫情防控至关重要的一环。面对异常艰巨的消毒任务，紫外线、自清洁涂层等技术受到各国重视。

2021 年 2 月，美国赛尼克斯消毒服务公司（Xenex Disinfection Services Inc.）宣布推出一款名为“灭活”的手持式消毒设备（DEACTIVATE Handheld Disinfection Device，图8）。它利用大功率 LED 发射波长 270 ~ 278 纳米的紫外线，能够杀灭包括新冠病毒在内的病原体。经得克萨斯生物医学研究所测试，“灭活”在 30 秒内对 1 米范围的新冠病毒、1 分钟内对致病性细菌（耐甲氧西林金黄色葡萄球菌，大肠杆菌）、2 分钟内对细菌孢子的消杀率达到 99%。设备无需预热或冷却，且没有化学残留物；适用于诊室、救护车、驾驶舱、办公室、旅馆、校舍等狭小、密闭、人员流动频繁的场所。另有消息称，该公司的“雷击杀菌机器人”（LightStrike Germ - Zapping Robots，图 9）已被全球数百家医疗机构、机场、学校、酒店、运动场、警察局、会议中心等采购，部署用于对大空间进行快速消毒。

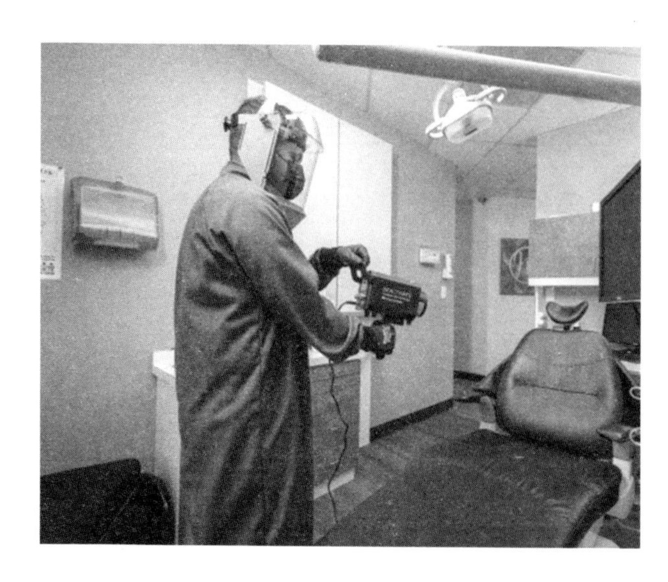

图 8 “灭活”手持式消毒设备

图 9 “雷击”杀菌机器人

据 3 月 11 日“全球生物防御”网站消息，美国国防部向得克萨斯生物医学研究所签授了两份总额 460 万美元的合同，用以评估市面上的涂层和雾化消毒技术在对抗物体表面和空气中新冠病毒及其他呼吸道病原体方面的功效。科研人员将分析用沸石涂层处理过的各种材料（如棉花、合成纤维、金属、塑料）能否杀灭新冠病毒、流感、霉菌和细菌，且效力是否持久、是否无毒副作用；研究还将确认低浓度过氧化氢被泵入急诊室、宿舍、教室等密闭空间后能否灭活微生物，从而阻断新冠病毒等呼吸道病原体在空气中的传播，且不会干扰正常的工作和生活秩序。通过测试涂层使用方法以及病毒消杀策略，该研究有望改善医疗设施、密闭空间以及无法定期消毒的艰苦作战环境的室内空气质量。美国国土安全部也正资助企业测试纯工业级活性成分和配方活性成分对新冠病毒的消杀效力，验证其替代酒精溶液用作洗手液和物体表面消毒剂的可行性。

7 月，日本立邦涂料控股株式会社宣布与东京大学联合开发了一种抗病毒纳米光催化剂，并利用该催化剂制备出高性能涂料和喷雾剂，测试表明能够有效抑制新冠病毒及其 Alpha 变种，未来可喷涂在墙壁、家具、门把手、扶手、开关、电子设备等物体表面以降低感染风险。

二、主要启示

一是重视发展智能装备，打造非接触式抗疫能力。新冠肺炎暴发以来，俄罗斯有 20 多家机器人公司推出了应对方案，包括在人流密集区提供体温测量机器人以及“天蝎座”消毒机器人。美军斥资约 2800 万美元委托研发可穿戴传感器，用于检测早期症状，跟踪和预防新冠病毒传播。在世界各地，智能设备正被广泛应用于测温、消毒、监测预警、远程医疗、物资配送等各个领域；发展智能技术装备阻遏疫情扩散已成为国际共识。

二是整合嫁接现有技术满足抗疫需求。原子弹之父奥本海默曾对第二次世界大战期间涌现的技术装备做过评论，他说：这些项目仅仅是把早已存在的知识与技术结合起来而已，“实际上，所有的东西在 1890 年、1905 年和 1920 年的时候就已经被习得了。我们有的是一棵结满成熟果实的树，每一年，直至战争爆发的时刻，我们都使劲晃动它，于是我们得到了雷达和原子弹……战争实则就是人类对已知事物最疯狂而又残酷的剥削。”新冠应急研发也体现了这一特点，很多防疫手段都是在挖潜成熟技术基础上的集成创新或迁移应用。比如，美国就比较热衷通过改造商购现货解决抗疫难题。这其中既有节省经费、缩短研发周期的现实考量，但也不失为物尽其用、博采众长的取巧策略。

三是防疫技术装备急需升级换代。目前使用的防疫装备大多是为极端环境、小概率事件、短期任务而设计的，往往以牺牲舒适性、便捷性、环境友好性为代价确保安全，在应对如此大规模、长时段、触及全员全域的疫情危机时，明显力有不逮。如人所言，石器时代的结束，不是因为世界上没有了石头，而是因为人类掌握了如何制造青铜。面对可能会与高致病性病毒长期共存的严峻现实，全方位反思现有技术手段的短板不足，整合各学科、各专业力量系统布局、重塑再造已是迫在眉睫。

三、结束语

作战中的痛点往往会成为颠覆性创新的原点。新冠疫情防控既是对各国科技动员能力的一次大考，也是聚力攻关、取得突破的重要契机。在疫情的刺激和重压下，各种智慧、各类创意竞相迸发，新理念、新技术、新产品不断涌现，不久的未来或可撬动生化防御模式发生颠覆性变革。

（军事科学院防化研究院　李文文）

2021年美军达格威试验场化生防御试验发展动向

达格威试验场是美军国家级化学和生物防御测试与评估的主要试验场和试验基地。2021年，达格威试验场继续在化生相关领域开展多项试验，包括侦检、洗消和发烟等，旨在对化生放核防御装备进行验证、考核和升级，以进一步提升装备综合能力。

一、达格威试验场概述

达格威试验场于1942年建立，隶属美国陆军试验与鉴定司令部，其下属的西部沙漠试验中心是主要试验区域，负责测试与评估美国国防部几乎所有的化学生物防御能力和支持系统，主要开展化学、生物、发烟和弹药等方面试验，涉及的专业领域包括化生防御、烟幕遮蔽、器材与运载系统等。所辖职能部门有数据管理所、特殊计划所、作业所、化学试验所、试验保障所等（图1）。

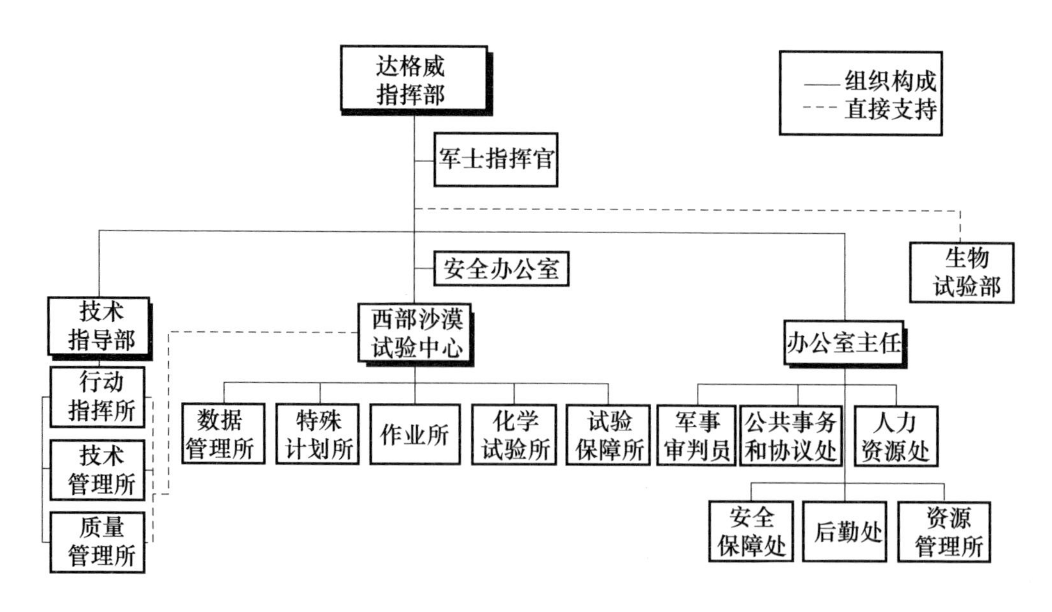

图 1　达格威试验场组织机构

二、主要试验活动

（一）试验设施研制

1. 3D 打印技术开发新型布样渗透试验装置

3D 打印技术具有价格便宜、操作简单、制作快速和产品轻便等优点，能够实现原型开发和验证的交互式过程，可在制造硬化材料装置之前及时发现并解决问题，进一步降低成本。

鉴于之前的布样渗透试验装置（Swatch Permeation Test Fixture, Reengineered, SPiTFiRE）无法使化学毒剂蒸气均匀分布到织物样本表面，2021 年 2 月，达格威试验场工程师利用 3D 打印技术开发出新装置——一个带有凹槽的可容纳 10 个织物样本的蒸气盒（图 2）。化学毒剂蒸气从马蹄形暴露区域上的两个孔进入和排出，可将毒剂一次性均匀分布于批量织物表面，满足“毒剂蒸气脱气再利用试验”（Vapor Off - gassing Re - use Test，VORT）所要求的数据质量。该项目已获得美国空军 12.5 万美元投资，试验还需延续 3 个月，如果测试成功，后续将得到充足资金继续进行长达两年的试验。

图 2　可容纳 10 个织物样本的 3D 打印蒸气盒

至 2021 年 8 月，在 SPiTFiRE 的基础上，项目组开发出了 SPiTFiRE 2.0 夹具（图 3），该夹具是测试防护装具抵御化学试剂或有毒物质侵害的织物样本的最新产品。其中圆形样本和密封部件被封装在杯子中，红色圆盘是一个传播装置，可向每个杯子释放相同数量的化学试剂。新系统比之前的版本更容易设置、操作和维护。目前的测试主要是确定受污染的衣物脱气足够长时间后是否可以再次安全穿戴，而不是每次污染后更换。该夹具预计 2022 年开始测试。

(a)

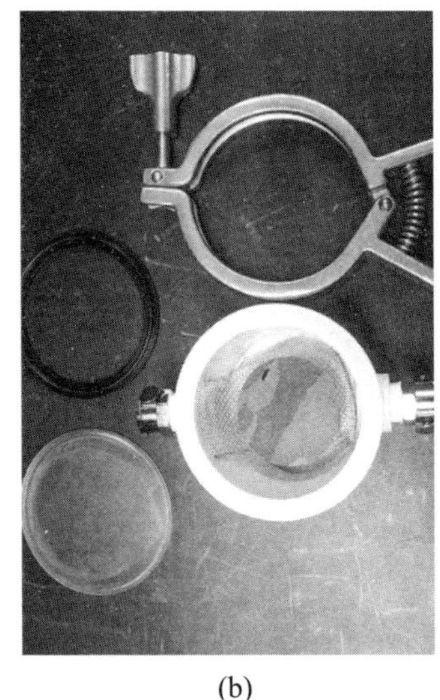

(b)

图 3　SPiTFiRE 2.0 夹具

2. 开放体系结构数据管理系统

达格威试验场预计耗时 6 个月升级并接入新的开放体系结构数据管理系统（Open Architecture Data Management System，OADMS）。不同于以往的数据管理系统，OADMS 使用“跨斗”数据采集盒，即插即用，可自行完成软件升级并集成新的现场设备，维修更便捷，成本更低。据悉，2021 年夏，包括气象仪器、播撒系统、改进版化学云追踪系统和激光雷达系统在内的所有达格威试验场现场设备都会集成至 OADMS（图 4）。

3. 化学生物材料评价基础设施试验

化学生物材料评价基础设施（Chemical Biological Material Assessment Infrastructure，CBMAI）项目旨在通过改进或提出新的关键技术以提升对化学、生物和新兴威胁防护产品的测试能力，进而满足美国国防部化学生物防御计划（Chemical Biological Defense Program，CBDP）对测试基础设施的需求。CBMAI 提供了测试夹具和测试方法，更适用于高级开发阶段的测试和评估，从而应对不断变化的生化威胁。

图 4　达格威西部沙漠试验中心现场设备

根据美国国防部年度预算，达格威试验场 2021 年 CBMAI 整系统实时测试项目预算经费为 65 万美元。

4. 测试设施升级

2021 年，达格威试验场对测试化学和生物探测器准确性和有效性的部分设施进行了升级。

（1）主动式遥测试验箱（Active Standoff Chamber，ASC）外部指挥所升级。增配了更多的数据和通信线路，这些电源和数据通信线方便测试人员插入笔记本电脑并实时监控隔离室中的数据，同时消除了地板上电缆可能造成的安全隐患。

（2）ASC 空气下沉内部隧道电气升级。在设施两端增加了可控的下降气流，以防止模拟物逃逸。

（3）联合环境风洞（Joint Ambient Breeze Tunnel，JABT）升级。JABT 建于 2005 年，目前已磨损，2021 年 8 月重新加工了两端高 50 英尺的门。

（4）发电机升级。增配了备用电池和大型便携式发电机，可为测试提供更长时间的供电，也可为客户的拖车提供电力。

（二）化生放核侦检试验

1. 用于检测化学毒剂的新方法

达格威试验场开发了一种用于检测化学毒剂（Chemical Warfare Agents，CWA）的新方法（图5）。该方法使用气相色谱三重四极杆质谱（Gas Chromatography Triple Quadropole Mass Spectrometry，仪器型号为 GC-QQQ）检测固体吸附剂管中的洗脱物，而不是采用气相色谱-火焰光度检测器对其进行热分析。借助 GC-QQQ 的高灵敏度，新方法实现了对传统化学毒剂 GA、GB、GD、GF、VX 以及 HD 的痕量分析，并通过模型校准了每种化学毒剂的检测限和定量范围。该方法易于操作，可联合设备自动进样，提高了工作效率，同时洗脱液也可以被存储用于再次分析，进一步节省成本。

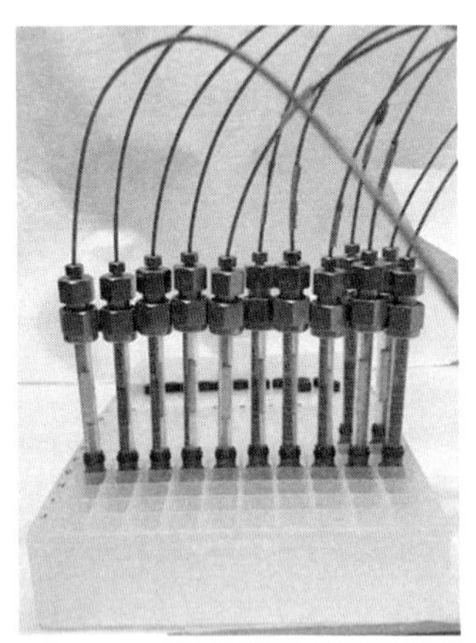

图5　使用 GC-QQQ 检测化学毒剂

2. 联合生物战术检测系统开展活性生物战剂试验

达格威试验场生物试验部已于 2020 年完成了联合生物战术检测系统（Joint Biological Tactical Detection System，JBTDS）的环境适应性试验和运输试验。2021 年 2 月，接续开展了活性生物战剂试验。JBTDS 是一种电池驱动的便携式生物检测系统，具有重量轻、体积小、识别生物威胁所需样本量少等优点（图 6）。其工作原理是通过聚合酶链式反应，快速扩增特定 DNA 至足够多的数量，达到快速检测、识别生物战剂的目的。

为确保试验的准确性，操作员从 JBTDS 收集器中回收干式过滤器，使用萃取液提取样本，然后送往实验室，验证检测仪的检测结果。本次活性生物战剂试验是 2015 年以来达格威试验场进行的首次活性生物战剂试验。试验使用的是常用作生物武器的各种毒物。本次试验依据美国行业和国防部规范构建负压过滤环境，在严格控制的生物安全 3 级实验室内进行，预计持续至 2021 年 12 月，其他测定 JBTDS 检测限的子试验，预计持续至 2022 年春季。

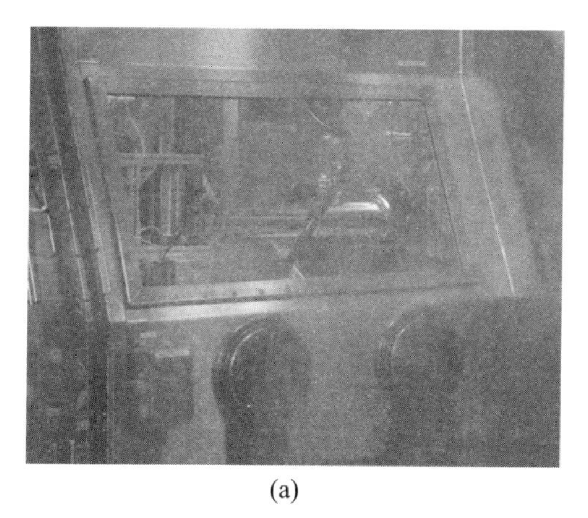
(a)

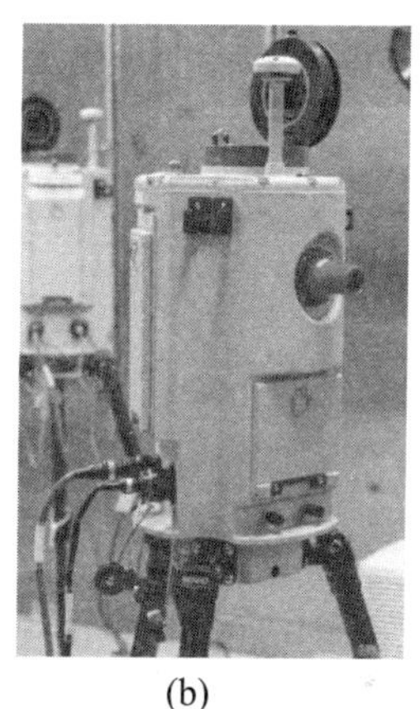
(b)

图 6　联合生物战术检测系统活性生物战剂试验

3. 气溶胶及蒸气化学毒剂检测仪模拟毒剂试验

气溶胶及蒸气化学毒剂检测仪（Aerosol and Vapor Chemical Agent Detector，AVCAD）是一种便携式系统，可检测气溶胶和蒸气化学毒剂，填补了当前美军联合部队化学传感器能力的关键空白，涉及液体、固体和气溶胶化学毒剂检测以及特定高级威胁/非传统毒剂的检测领域。AVCAD 还可以检测低浓度脱气，并远程报警。未来 AVCAD 将用于化学和生物防御任务，包括监测、集体防护、基地防御、侦察、洗消以及舰载和航空平台化学检测等。

达格威试验场已于 2020 年完成了 AVCAD 的声光报警能力、霉菌、模拟撒哈拉沙漠干热环境等试验，2020 年 12 月至 2021 年 3 月，接续开展了模拟毒剂试验。该试验在联合环境微风洞内进行（此风洞于 2005 年建成，长 550 英尺，宽 46 英尺，高 50 英尺），通过大功率风扇从室外吸入空气，播撒模拟剂，形成混合“云”，并持续输送至受测检测仪及其后方。在该风洞内，还开展了 AVCAD 与“斯特赖克”M1135 核生化侦察车的集成试验，旨在测试 AVCAD 行进状态下的毒剂检测能力、检测限和报警时间等指标。

根据年度预算，2022 年达格威试验场将继续开展 AVCAD 的化学室测试项目（预算经费 330 万美元），并同时启动多项测试工作，以得到更多的测试和评估数据支持。

4. 多相化学毒剂检测器有关试验

多相化学毒剂检测器（Multi – Phase Chemical Agent Detector，MPCAD）是一种双人便携式系统，可对污染区域收集的固体、液体和蒸气样本进行近实时、近实验室级分析，检测结果将有力支持指挥官及时做出机动、防护、洗消等战术决策，由特利丹·菲利尔（Teledyne FLIR）公司制造，目前正在达格威试验场开展有关测试，详细信息未公开。

根据年度预算，达格威试验场已于 2020 年完成了计算机辅助设计——固体/液体蒸气测试程序管理评估试验（预算经费 9.9 万美元）和嵌入气溶胶测试试验（预算经费 66.1 万美元）。化学室测试项目横跨 2020（预算经费 245.8 万美元）、2021（预算经费 389.2 万美元）、2022（预算经费 165.2

万美元）三个年度。

（三）沾染指示洗消效果确认系统的洗消效果确认试验

毒剂显示喷剂（Agent Disclosure Spray，ADS）喷洒到设备表面后，可通过颜色改变指示毒剂存在，通常与2019年报道的沾染指示洗消效果确认系统（Contamination Indicator Decontamination Assurance System，CIDAS）配合使用。其配方为用于神经性毒剂显示和用于糜烂性毒剂显示的两种液体，每种液体由水和专用粉末混合而成，两种液体泵入喷管后，混合形成毒剂显示喷剂。毒剂显示喷剂仅是一种指示剂，无洗消功效，但可以帮助作战人员鉴别武器装备上是否存在化学毒剂，指示是否需要进行局部或整体洗消，检查洗消后是否有遗漏区域。

1. 毒剂显示喷剂对武器功能影响试验

2020年12月，达格威试验场开展了毒剂显示喷剂对武器功能影响的试验。该试验配合使用沾染指示洗消效果确认系统，将毒剂显示喷剂喷洒至M4卡宾枪、M240B机枪、M9手枪、增强型战斗头盔、M19A1弹药罐和小型派力肯手提箱等武器外表面（图7），经一段耐受时间后，进行军事剥离清洗，然后检查武器功能是否受到影响。

2. 不同型号的沾染指示洗消效果确认系统试验

2021年，开展了不同型号喷洒器的喷洒试验，旨在改进作战人员对沾染指示洗消效果确认系统的使用情况。试验中对被模拟毒剂污染的车辆，分别使用小型和大型喷洒器喷洒毒剂显示喷剂。小型手持式喷洒器将用于小区域即时操作，旨在救命，要求能够迅速完成；大型喷洒器为后背或肩挎式，可提供较大量的显示剂，旨在作战，要求能够恢复执行任务能力（图8）。

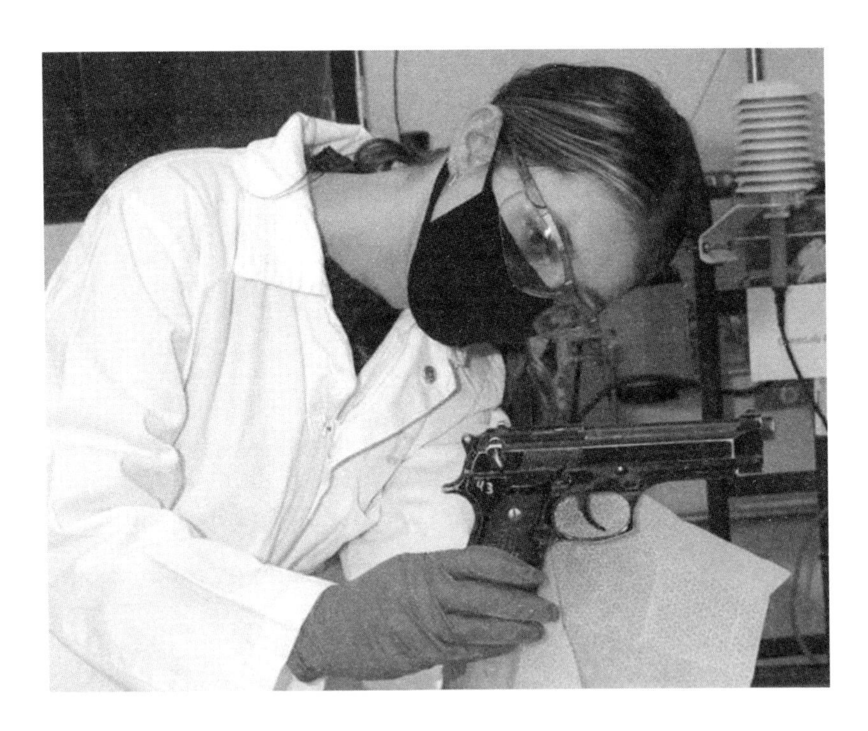

图 7　毒剂显示喷剂喷涂于武器表面试验

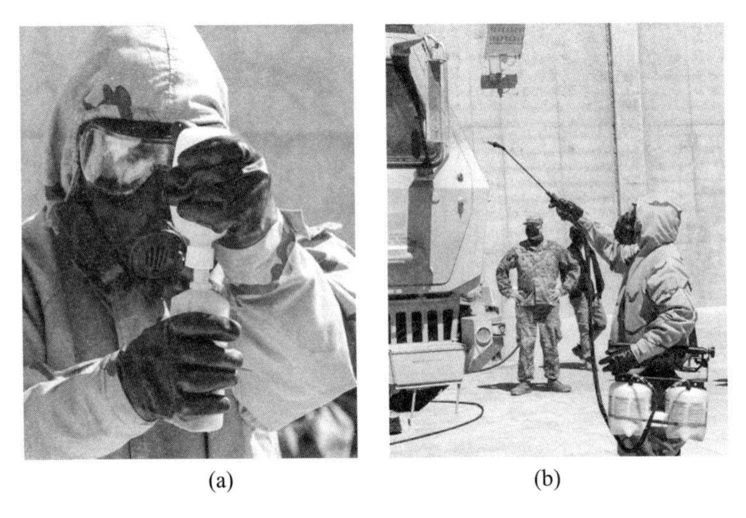

(a)　　(b)

图 8　不同型号的毒剂显示喷剂/沾染指示洗消效果确认系统试验

（四）发烟试验

烟幕遮蔽模块（Screening Obscuration Module，SOM）是一种移动式中等区域发烟装置，可降低敌方对美国目标的探测能力，提高士兵机动保护水平和平台生存率。自 2018 年 2 月抵达达格威试验场以来，2021 年首次进行车载试验。试验中，该装置被安装在悍马车顶，沿着设有多种目标的道路行驶（图 9），通过分析反馈信息，提高维护和操作设备的便利性。非车载试验已于 2020 年基本完成，车载试验持续到 2021 年 4 月。

图 9　SOM 车载试验

三、结束语

2021 年，达格威试验场独立承担或协助完成了试验设施研制、化生放核侦检、洗消、发烟等多项试验项目，凭借其独特的地理、设施、资源、经验和人才等优势，满足了美军对各类化生放核防御装备试验与鉴定的需求。

（军事科学院防化研究院　胡俊丽　乔治宏　胡运立　边飞龙　王瑶）

美国材料基因组计划发展综述

新材料，作为技术变革和经济发展的跳板和催化剂，其设计、开发和应用直接关系到一个国家的核心科技优势和全球竞争力。为抢占材料研究高地和先机，美国于2011年率先启动了“材料基因组计划”（MGI），后续多国跟进制定了各类材料发展战略。历经十年发展，材料基因组计划取得了诸多成绩，并于2021年11月更新了战略规划，以持续发挥其指导和推动作用。

一、材料基因组计划简介

材料研发的传统模式依赖科学直觉和实验试错，导致新材料从设计到最终集成商用往往需要10~20年的时间。低效材料的研发严重影响了新产品和新产业的变革。为加速研究进程、占据领先地位，2011年6月，美国启动了“面向全球竞争力的材料基因组计划”，并在2014年将其提升为“国家战略”。

材料基因组计划的目标是将新材料的研发周期减半，成本降低到现有的几分之一。核心内容：①建设材料创新基础设施，包括计算工具、实验手段、数字化数据；②用先进材料实现国家目标，明确国家安全、人类健康和福利、清洁能源三个重点发展领域；③培育下一代材料研发人员。成员机构包括国防部、能源部、美国国家标准与技术研究院、美国国家科学基金会，以及后续加入的美国国家航空航天局、内政部地质调查局、美国国立卫生研究院等，并与能源高级研究计划局重大应用材料研究、网络和信息技术研究与发展计划、国家纳米技术计划等高度联动（表1）。

表1 MGI主要成员机构及工作重点

机构	工作重点
国防部	陆军、空军、海军、高级研究计划局广泛参与，设立应用研究、高级研发经费以及技术转型研究计划，关注国家安全与防御能力提升的基础研究和工程问题
能源部	推动能源相关（如储能和太阳能燃料）材料、轻质和高温结构材料、催化剂、光伏、磁性和超导材料等功能材料的设计和软件研究
美国国家标准与技术研究院	制定基本的数据交换协议和方法、标准等以促进MGI的广泛应用；建设分级材料设计中心；资助先进材料卓越中心
美国国家科学基金会	启动“设计材料以变革我们的未来”项目，通过构建相关基础知识基地，支持可显著加速材料开发的各类活动
美国国家航空航天局	为MGI研究提供极端环境平台，开发颠覆性新型复合材料、金属合金和混合材料的计算模型，缩短航空航天材料开发时间
内政部地质调查局	开展MGI相关的材料前端（原材料发现和加工、供应）和后端（材料的回收和处置）的研究活动
美国国立卫生研究院	资助MGI中生物和医学相关材料、技术和仪器研发

二、建设成绩

MGI 实施 10 年来，美国在材料创新基础设施建设、核心关键技术和新材料设计与优化等方面取得了显著进展。

（一）平台建设

MGI 未专设独立的研发机构或计划，而是通过联邦成员机构根据自身职责划分，协同行动，设置相关项目资助和研究中心，开展材料基因组计划创新平台建设。

（1）国防部：海军建立轻质和现代金属工艺研究院，加强金属工艺制造，开展基础项目研究；空军设立“结构材料科学与工程集成计算卓越中心”和“先进有机复合材料卓越中心”，通过新型计算和试验方法研发下一代军用飞机；陆军研究实验室成立了两个合作研究同盟，极端动态环境中的材料研究中心和电子材料多尺度建模联盟，实施“多尺度材料研究企业项目”，以满足未来军用材料研发需求。

（2）能源部：建立关键材料研究院，致力于新型清洁能源技术研发，以弥补重要作战物资短缺；成立能源储存研究联合中心，将材料基因组原理应用于新型电极的探索与设计；建设预测性集成结构材料科学中心，将科学、计算代码和实验结果相结合，为结构金属的加速预测创建一个独特的科学框架。资助“轻质材料开发计划”“材料和化学预测理论及建模计划”“先进计算寻求科学发现计划”“企业研发/技术转移计划”，开发材料预测理论及建模工具。

（3）美国国家标准与技术研究院：建设分级材料设计中心，专注开发下一代计算工具、数据库和实验技术，以加速新材料设计及与工业的整合；与能源部成立人工光合作用联合中心，建立在线公开材料数据库并利用高通量实验手段表征水光解析氢材料；与国家航空航天局合作在国际空间站上建立材料实验室，加速开发空间高性能材料和工艺；推进“工业先进材料计划”。

（4）美国国家科学基金会：启动材料创新平台计划，2016 年和 2020 年建立了两套国家级晶体生长和材料 - 生物融合平台；自 2012 年起设置“设计材料以变革我们的未来”的项目资助计划；2021 年 9 月，出资建设 5 家数据应用研究所支持科学与工程研究之间的融合，包括生物信息新前沿研究所、人工智能算法研究所、极地数据与模型革命研究所、数据驱动动力学设计研究所和地理空间研究所。

（二）关键技术

材料基因组计划的技术核心在于高效计算、高通量实验和大数据。材料高效计算综合了高性能计算平台和软件、高通量算法。高通量实验主要包括高通量制备、表征和性能高效评价等实验技术和方法。数据库用于支撑/服务高效计算和高通量实验。代表性成果有：

（1）计算工具：美国国家标准与技术研究院创建的材料数据存储库，涵盖 80 个独立的研究团体和 123 个组织，存储约 50 吉字节公开访问的材料数据。纳米孔材料基因组中心开发了从高级电子结构计算到孔隙结构的图形理论分析方法，加速了可用于气体储存、气液分离、催化等新型纳米多孔材料的发现。国防部与工业界合作建立了氮化镓晶体管计算工具集，涵盖从设计到系统集成的全过程性能和可靠性模拟，降低了迭代设计 - 构建 - 测试周期的成本和耗时。使用空军研究实验室研发的 ARESOS 开源软件构建的自主材料研究机器人，与使用自定义代码相比，可节省数月甚至数年的开发时间。

（2）实验工具：加州大学与通用电气公司合作，设计制造了一种结合了电子、离子和激光束的显微镜，可用于测试新材料在纳米尺寸的缺陷，数据收集速度由6个月缩短到几天。美国空军研究实验室、劳伦斯利弗莫尔国家实验室等开发了一种全新的利用高强度X射线测量材料在弯曲、压缩或拉伸时详细结构的方法，极大促进了飞机和车用轻质高强度材料性能预测和快速优化模型的建立。美国空军研究实验室发明了在受控条件下材料的合成、性能表征、结果评估、实验方案优化并执行的自动化系统，目前已应用于飞机器件中高性能碳纳米管的制备。美国国家标准与技术研究院和国家可再生能源实验室推出了一个虚拟的高通量实验设施，旨在加速生成验证现有材料模型所需的大量额外数据，并利用更强的预测能力来开发新的复杂模型。

（3）材料大数据：劳伦斯伯克利国家实验室的材料项目数据库涵盖了131000多种化合物、49700个分子和530000种纳米多孔材料，辅助分析软件可以有效预测新型电池和电极材料。杜克大学开发的AFLOW计算材料数据库存储了关于无机化合物、二元合金与多元合金等超过2940000种材料的结构、性能数据，帮助研究人员更好地预测材料性能，推动了机器学习方法在材料中的应用。西北大学组建的OQMD开放量子材料数据库可以基本准确地预测大多数元素的晶体结构与形成能。得克萨斯大学等三所大学开发了一个开放式的无稀土磁性材料数据库，目前有超过3800个条目，旨在提高新型无稀土磁性材料的研发效率。美国国立卫生研究院在其资助项目中加入“数据管理和共享”计划，自2023年1月起研究人员和机构需共享和公开其科学数据。

（三）新材料研发

经美国国家标准与技术研究院评估，执行MGI可以将新材料研发风险降低近一半，上市的平均时间缩短3.5年，研发效率提升71%。典型范例有：

（1）有毒气体传感器的研发。第一个硫化氢液晶化学传感器的设计花费了近10年的时间，但康奈尔大学的研究团队通过迭代计算模型预测液晶材料与目标化学物间的作用关系，将传感器的设计时间缩短至几个月，且辅助机器学习技术，将传感器精度从60%提高到99%。该团队进而拓展开发了可穿戴式神经毒剂液晶传感器。

（2）电池材料的加速发现。铅基钙钛矿电池材料中固有的毒性和不稳定性阻碍器件的大规模商用，能源前沿研究中心利用对关键特性的理论计算从27000种化合物筛选出9种可能的铅基钙钛矿太阳能电池材料的无毒替代品，最终合成和测试结果表明其中两种材料性能优良。人工光合作用联合中心通过高通量实验计算，发现了49个三元氧化物光电阳极，经测试其中36个具有可见光释氧响应，这相当于太阳能研究50年历史中发现的可见光响应光电阳极的总和。

（3）极端环境材料的设计合成。高超声速飞行器制造等尖端领域发展急迫需要可应用于极端环境的超高温和超硬材料，已知碳、氮和硼与难熔金属结合易产生高硬度和高熔点材料，研究团队利用AFLOW数据库快速计算分析不同的准随机晶胞配置及其合成可行性和稳定性，最终获得的材料比通过简单混合规则制备的硬度提高了50%。

（4）稀土替代品开发。稀土已成为国防和高端技术产业的战略元素，需求不断增长，却潜在供应链和国家安全危机。关键材料研究所依靠MGI方法加速了稀土替代品的开发，合成了可用于高效照明的替代品新磷光体，弥补了清洁能源技术关键材料的供应链缺陷。得克萨斯大学等通过数据密集型方法，预测并合成了一组具有高磁晶各向异性和居里温度的氮化钴化合物，并与空军研究实验室合作转化，制备无稀土永磁体。

三、最新动态与启示

2017年1月特朗普政府上台后，材料基因组计划分委会活动趋于停滞，未再以材料基因组计划名义设立新的研发计划或项目资助。拜登执政后，MGI 相关建设开始复苏，2021 年 11 月，美国发布新版 MGI 战略规划，对未来五年的工作设置 3 个主要目标：①统一材料创新基础设施；②高效利用材料；③加强材料研发人员的教育和培训。美国材料基因组计划的第二个十年拉开大幕。综合参考美国材料基因组计划 10 年建设发展和最新战略规划，主要有以下几点启示：

（1）重视前瞻性布局。材料数据建设方面，除分立的各个专业数据库外，应考虑建设标准化的国家材料数据网络，跨越行业、学术界、工业界，贯通材料设计到应用，以最大化和最优化利用材料数据资源。设置重点或优先发展方向，满足国家需要和解决全球关注的问题，如能源储存、关键材料替代、生物相容性材料、国防相关等。

（2）注重人工智能（AI）技术融合。一个“闭环”AI 驱动的系统可以在材料设计和优化过程中自动快速迭代，具有从根本上改变材料研发格局的潜力。近年来，关于 AI 驱动材料发现的论文数量指数级增长，但目前该领域尚处于起步阶段，要抓住这个机遇，抢占相关技术的研究高地。

（3）加强材料基因工程人才培育。美国历次 MGI 相关文件中都把人才资源和劳动力培育列为主要建设目标和重点工作方向之一，为有效提高材料基因工程的参与度和助推力，建议考虑设立相关科学培训项目，支持培训课程和平台建设，推广数据科学和信息学、计算和建模等相关课程，开设相关学术讲座和会议，提供材料模拟计算与设计培训和进修等。

（军事科学院防化研究院　商冉）

先进沥青基结构炭材料研究进展

以多功能炭泡沫材料和高热导率超高模量碳纤维为代表的沥青基炭材料具有轻质、耐高温、高强度、低热膨胀、耐腐蚀等特点，在高超声速武器、高能激光武器等国防高技术武器装备中具有明确应用背景，是美军近年来在产业化和军事应用中大力推广的两类炭材料。

一、中间相沥青及其结构炭材料概述

炭材料按其可石墨化程度分为可石墨化的含石墨微晶结构的软炭和不可石墨化的非晶态无定型炭的硬炭。前者经过超过 2800℃ 的短时间热处理，可形成典型的石墨微晶的多晶结构，微晶尺寸发育较好，有序化排列水平更高，进而赋予材料较高的弹性模量和热传导性能；后者即使经过 2800℃的热处理，也难以获得发达的石墨微晶，模量和热传导能力受到很大限制。

中间相沥青是芳香族片层大分子在范德华力作用下形成的具有典型中

间相液晶结构特性的可石墨化炭材料的碳源（图 1），这种中间相结构在纺丝或发泡成型过程中通过纺丝孔挤压和丝束牵引、膨胀气泡孔间的挤压和气泡壁牵引得以初步有序化排列（图 2），随后在炭化和石墨化热处理过程中形成发达的石墨微晶结构（图 3），获得良好的结构性能和热传导能力。而以聚丙烯腈、酚醛树脂为碳源制备的碳纤维和酚醛树脂基炭泡沫获得的则是典型的无定型炭结构，拉伸强度较大，但模量和热传导能力较低（图 4）。

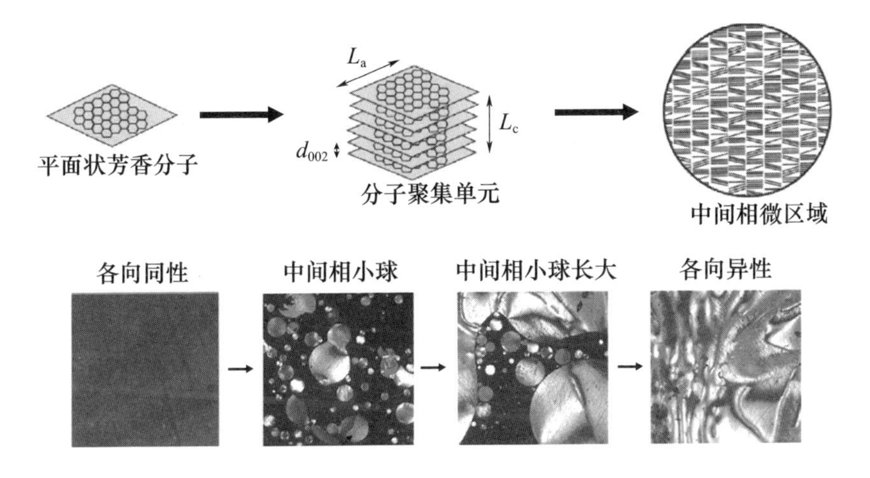

图 1　中间相沥青形成示意图及其偏光特性照片

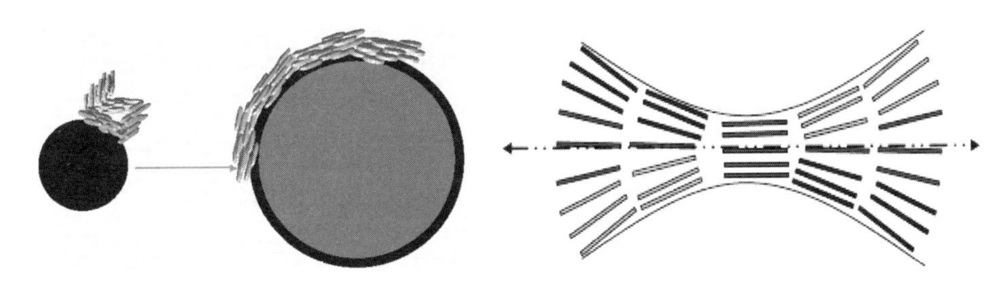

图 2　中间相沥青发泡过程中结构有序化排列示意图

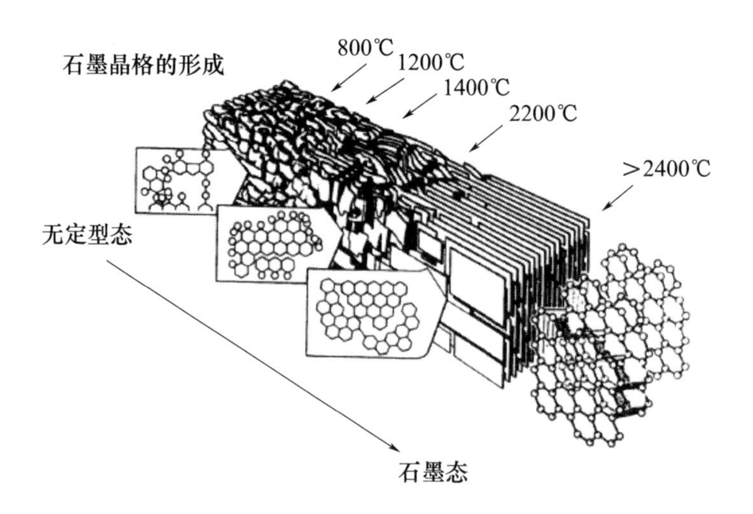

图 3　中间相沥青碳源在热处理过程中石墨微晶形成和演化示意图

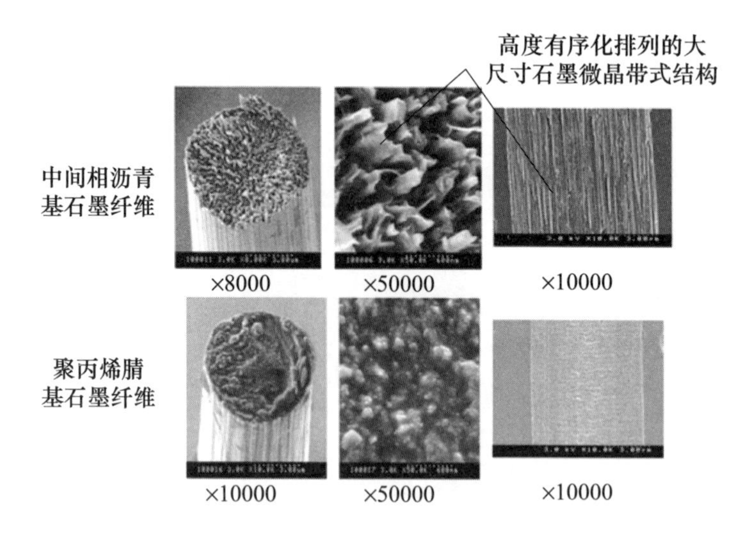

图 4　石墨化中间相沥青基和聚丙烯腈基碳纤维的断面结构对比

（前者石墨微晶高度发达，形成石墨带结构；后者为石墨微晶颗粒堆叠结构）

中间相沥青基石墨化炭泡沫可用于高超声速武器弹载雷达和舵轴、高能激光武器和卫星热辐射器脉冲高通量废热管理，能够大幅度降低重量或体积负荷，进而提高有效载荷；中间相沥青基碳纤维可用于超声速和高超声速战略飞行器鼻锥、翼面前缘和发动机喷管，在维持构件结构形状、保证空气动力学特性的同时，能够将热量向后传导，大幅度降低驻点温度，使武器系统更抗烧蚀，进而有效提高突防能力和打击半径。

部分品种的煤中因含有一定的中间相沥青质结构，以其制备的煤基多功能结构化炭泡沫也可通过石墨化获得相对较高的热导率，此外还具备轻质、低成本，耐腐蚀、阻燃、高孔隙率、高温氧化无毒烟、导电、吸声和高强度等特点，可用于飞行器结构化热防护、碳纤维增强树脂基复合材料构件成型模具和舰船上层建筑夹层结构等。

二、国外发展动向

过去二十多年间，轻质多功能结构材料持续受到美国军方的关注，也是世界主要国家重点关注的材料领域，美西方一直实施出口管制。

（一）炭泡沫研发和应用情况

炭泡沫方面，首先是美国空军莱特基地科学家于 1993 年基于高导热超高模量碳纤维的微观石墨微晶结构模型，借助计算材料学手段，预测了轻质、高热导率炭泡沫的存在。1998 年，美国橡树岭国家实验室以三菱的萘合成中间相沥青为原材料，采用高温高压发泡 - 高温热处理工艺成功制备出了高导热炭泡沫。同期，西弗吉尼亚大学采用胶质层具有中间相结构的黏结性原煤为原材料也成功制备出了该类型炭泡沫材料；受制于原煤成分结构的复杂性，其中间相结构发育相对较弱，相比中间相沥青发泡制备的炭泡沫热导率低一个数量级，但仍能达到不锈钢的导热水平，且制备成本大幅度降低（图5）。

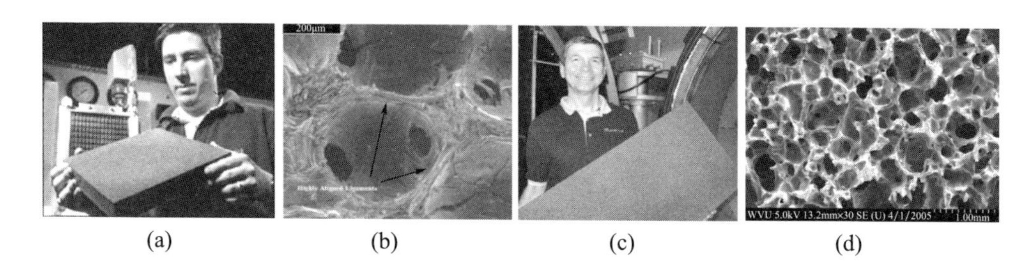

(a) (b) (c) (d)

图5 沥青基和煤基炭泡沫及其气泡孔结构

这两类炭泡沫一经问世就获得了美国军方、NASA和能源部的重视，被誉为“下一代军用轻质多功能结构关键材料之一”，美国密集布局项目、投入资金开展相关应用研发工作，最终于2009年前后在相关热管理、热防护、碳纤维增强复合材料构件成型模具等领域应用研究获得突破，在美国国防部关键材料自主可控项目“TITLE III INITIATIVE”资助下具备了初步规模化制备能力，并于2016年形成完整的自主可控制造能力，可满足美军现阶段应用需要（图6）。

(a) (b)

图6 美国炭泡沫规模化制造用发泡成型和高效热处理设备

（二）中间相沥青基碳纤维和应用情况

20世纪90年代初，日本九州大学借助日本在先进表征仪器设备条件的技术优势，在10年左右的研究基础上，以煤化工产品——精萘为原材料，

采用 HF/BF_3 超强酸为催化剂，率先成功制备出了易纺丝的中间相沥青，三菱化学气体公司以其为原材料实现了高热导率、超高模量碳纤维的产业化。2010 年前后，日本三菱公司淘汰了高毒性和易燃易爆的萘合成中间相沥青工艺，开发了基于煤焦油的中间相沥青新工艺及其 Diamond 品牌的全新中间相沥青基碳纤维产品，目前年产能在 1000 吨左右，占全球市场 70% 以上的份额，只面向西方国家出口。

美国 Cytec 公司开发了基于石油沥青的中间相沥青及其碳纤维产品，年产能相对较低，约 200 吨左右，主要服务军用航空航天市场，其高端产品有 K1100 牌号的中间相沥青基碳纤维。

在批量使用碳纤维的同时，美国军方发现由于碳纤维制造成本仍然较高，仅限于航空航天使用，难以在所有军兵种推广，甚至在航空装备领域也仅能在大尺寸结构上获得使用，众多小尺寸构件仍在使用金属材料，碳纤维的应用仍有很大潜力。为此，DARPA 于 2015 年启动了 TuFF 项目（Tailorable Feedstock and Forming Program，通用成型原料），联合碳纤维材料基础理论研究、工程研制和装备应用领域的 4 所大学（特拉华大学、克莱姆森大学、德雷塞尔大学、弗吉尼亚理工大学）和 5 家企业（波音、西格里、氰特、ATC、Surface Gener - ation 公司）组成联合攻关团队，意图一举攻克碳纤维低成本制造技术，打通碳源材料、纺丝、上浆、装备应用技术等全产业链关键工艺，实现相关复合材料构件制造成本降低 50%、加工周期缩短 50% 的目标，并期望能够在中间相沥青基碳纤维上获得突破，以发挥沥青前驱体成本低、碳收率大的技术优势（碳收率 80% 聚丙烯腈为 50%），减少碳排放，最终大幅度降低复合材料构件制造成本。

在 DARPA 项目资助基础上，针对美国煤炭资源占世界储量 25% 的资源背景，美国能源部针对煤基炭材料自 2020 年起设立了近 30 个项目，其中单笔资助力度最大的橡树岭国家实验室项目直接从原煤制备沥青，进而纺丝获得碳纤维，研究方法更借助了计算化学、分子建模和机器学习等，意图通过学科交叉创新，加快碳纤维低成本化进程（图7）。

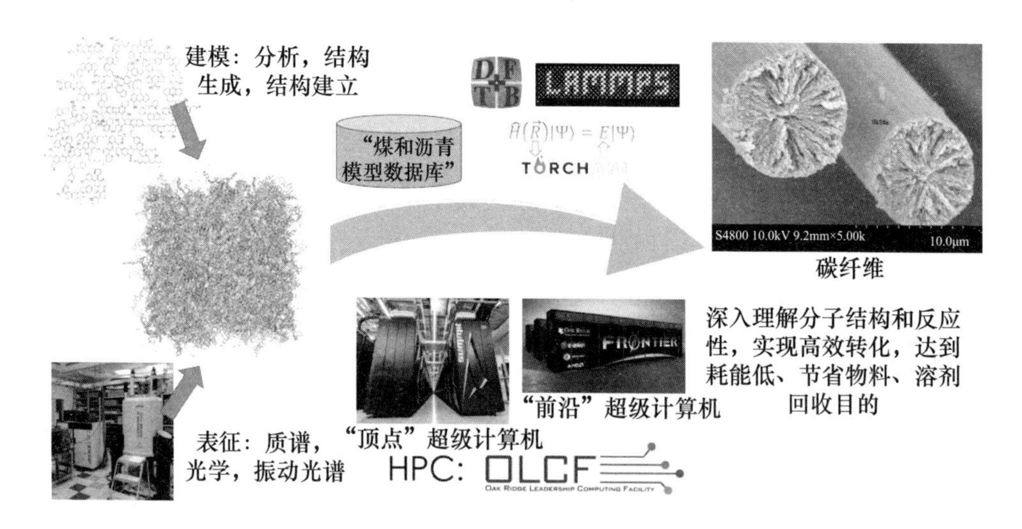

图7　橡树岭国家实验室承担的能源部煤基炭材料项目及其研究方法

美国2020年国防拨款法案通过了陆军地面车辆系统中心提出的基于中间相沥青原材料的低成本中间相沥青基碳纤维和石墨化炭泡沫项目战略，将其分别作为地面车辆轮毂和发动机换热器关键材料。该项目预算经费1000万美元，力图实现轮毂减重50%以上，有效降低车辆热信号，降低燃油消耗，增加有效载荷，延长服役寿命，提高生存能力。

三、启示

一是从需求发展角度。高端碳纤维和轻质多功能炭泡沫材料作为战略原材料和小众军工产品，在国防高技术领域具有明确应用背景，未来可发展为主流低成本碳纤维和轻质多功能结构材料产品。应积极布局，实现高端碳纤维和轻质多功能炭泡沫材料自主可控，进而推动产业化和低成本化，促进常规武器装备应用验证。

二是从技术攻关角度。目前，中间相沥青基碳纤维属于小众产品，全球只有三家公司（日本三菱、日本石墨、美国 Cytec）研制。美日不仅力量集中，项目资助的连续性也更突出，DARPA 和美国能源部设立的项目主要承担单位没有大的变动，延续性较好，有效避免了资金浪费、专业人才分散、低端徘徊等问题。针对这类可通用于多种武器装备的材料，应脱离具体型号背景，单独成立专项开展基础研究和技术攻关。考虑到高热导率和高模量碳纤维、高热导率炭泡沫、煤基炭泡沫均为可石墨化炭材料，前驱体原材料煤或沥青同为芳香族大分子化合物，研究和技术攻关过程中的研究方法、热处理工艺、知识体系相通，应统一规划，克服单一装备型号牵引造成的有限人力和物力分散、社会资源浪费等问题，集中力量实现根本性突破。

三是从科学研究角度。外军一直在迭代创新。基础研究方面，美国和日本充分利用原材料分子结构分析测试、计算材料学、计算化学等方面的技术和学科交叉优势推动了材料研发工作。技术攻关方面，日本实现了原材料中间相沥青从高危险的萘合成沥青迭代到煤焦油中间相沥青；美国在聚丙烯腈基碳纤维基础上，逐步向沥青基碳纤维迭代，并启动开展基于自主可控煤炭矿山资源的煤直接制备中间相沥青及其低成本碳纤维的技术迭代工作，从高成本的高技术武器装备应用向低成本的常规武器装备应用发展。当前，在计算机科学和计算化学迅猛发展的大背景下，沥青基碳纤维及其原材料沥青的研究开始呈现计算材料学、计算化学、计算机科学、碳材料科学和工程技术等多学科交叉研究态势，正从以往的定性认知到定量认知、试验试错研究朝按需设计和低成本快速制造方向转变，客观上需要构建不同学科背景的人才队伍，将基础研究做扎实，力求短时间内获得基本认知上的突破，为后续降低成本及常规武器装备应用奠定基础。

（军事科学院防化研究院　李凯　栗丽　梁国杰　王馨博　陆林）

国外物理类非致命性武器发展动向与应用

物理类非致命性武器是指采用物理作用或基于物理学的力、声、光、电（磁）等原理研发的一种非致命性武器。其主要分为反人员和反物质物理类非致命性武器两大类，后者主要包括反装备物理类非致命性武器和反设施物理类非致命性武器。

近年来，在国际安全形势变化和前沿科技进步双重因素推动下，世界各主要国家对物理非致命原理技术的研究不断深入，各种物理学高新技术在非致命性武器中广泛应用，使物理类非致命性武器取得了飞速进步，并展现出广阔前景。

一、国外物理类非致命性武器发展动向

新型非致命性武器融合了现代高新技术，早已超越橡胶子弹、豆苞弹和胡椒喷雾等传统非致命性武器的范畴，以物理类非致命性武器为主，具有更强的对峙能力、更长的持续时间、更多的功能性和选择性。近年来，世界各主要国家在物理类非致命性武器研发和运用方面都有长足进步。

（一）美国

1. 发展规划

美军建有完善的非致命性武器管理、研发、保障体系。2016 年，美国国防部非致命性武器联合理事会（JNLWD）制定《2016—2025 联合非致命性武器科学技术战略计划》，规划了未来 10 年非致命性武器技术发展方向，推动非致命性武器技术的滚动发展，满足即时反恐作战任务急需，并以期一致保持技术优势赢得未来战争。

规划强调发展物理类定向能非致命性武器，作为重要的使能技术，解决“灰色地带”非致命能力的新需求和目前差距。重点发展的定向能技术包括：用来阻止车辆、船只和其他系统的高功率无线频率（High Power Radio Frequency，HPRF）技术，通常称为主动拒止技术的用来反人员（移动、拒止、压制或失能）的毫米波（30 ~ 300 吉赫）、电磁能技术、声光技术（一定距离的武力增强、闪光与爆炸），以及人体失能技术。

2. 管理机制

在管理指挥机构方面，美国国防部在 2020 年 5 月宣布非致命发展计划执行理事由海军陆战队司令担任，撤销了非致命性武器联合理事会，重新组建了联合中间打击能力办公室（Joint Intermediate Force Capabilities Office，JIFCO），以及联合非致命性武器产品综合组，后者负责审查并建议、核准国防部拟议的非致命性武器预算，以确保各部门之间不发生重复工作，组织结构如图 1 所示。

此外，新版美国国防战略强调未来作战环境是一个可渐变的连续体，因此发展适应这种渐变威胁的“中间打击能力”的观点应运而生，从根本上全新诠释、发展了非致命性武器的概念、作用及研究理念。

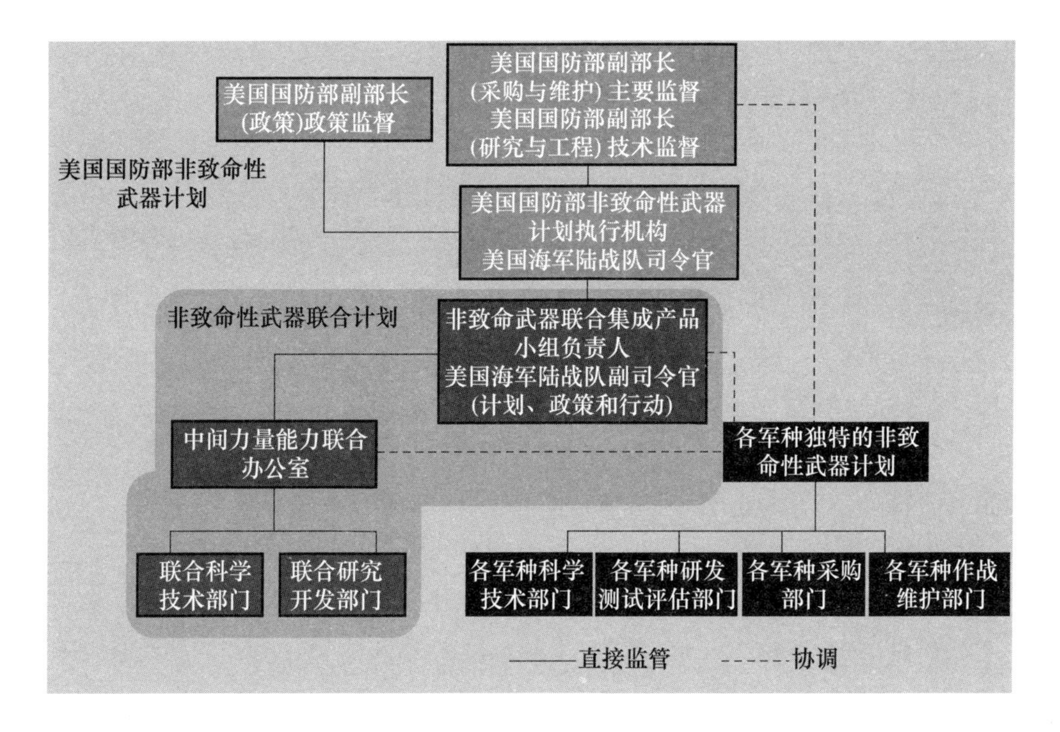

图 1　美国国防部非致命性武器计划最新组织结构

中间打击能力是一种风险缓解战略投资，为作战人员提供工具，在武装冲突水平以下的竞争中掌握主动权。美国海军陆战队 2020 年执行机构规划指南中指出，目前和未来的非致命性武器、设备和弹药将提供“中间力量”，填补“单纯存在”和“致命影响”之间的空白。因此，非致命性武器被更准确和恰当地描述为“中间打击能力”。美国国防部领导或参与了多项北约非致命性武器倡议，支持北约及盟国在非致命性武器和保护平民方面的政策，帮助保加利亚、捷克、克罗地亚、蒙古、摩洛哥、菲律宾和罗马尼亚建立了中间打击能力。

3. 在研装备

在研的非致命性武器是指需要在生产批准前进行技术或其他改进的非

致命性武器。美国尚在开发中的物理类非致命性武器包括有正式的“户口”的项目和一些现有成熟技术，这些项目通常已具有预研技术5级或更高的技术水平。

在研反人员物理类非致命性武器主要包括81毫米闪光弹、声光定向能非致命性武器、改进型闪光手榴弹、XM1116 12口径非致命增程标记弹药等。其中，声光定向能非致命性武器（图2）整合了各种独立的技术，如炫目的激光器、高强度灯、声学、操作界面系统，形成符合人体工程学的有效系统要素，以极低的风险对个人进行示意、警告、移动、干扰和压制，使指挥员能够使用非致命性武器控制或缓和局势，发出警报、警告。该技术领域未来的工作主要侧重于行动评估、系统高度集成、激光和声学强化，以及无人驾驶/自主操作等方面。

图2　声光定向能技术

XM1116 12口径非致命增程标记弹药旨在阻止个人进出一个区域，或在一个区域内控制并压制个人（图3）。这项技术有可能支持多种任务，包括部队保护、检查站、巡逻/护卫队执勤、人群控制。发射弹药的安全和有效距离，在针对个人时，有效射程最小为10米、最大为75米。该弹药的射程比目前使用的非致命性12号霰弹枪弹药的射程更远，此外，12号非致命性增程标记弹药提供了一种标记能力，以便作战人员以后能够识别或捕获目标。

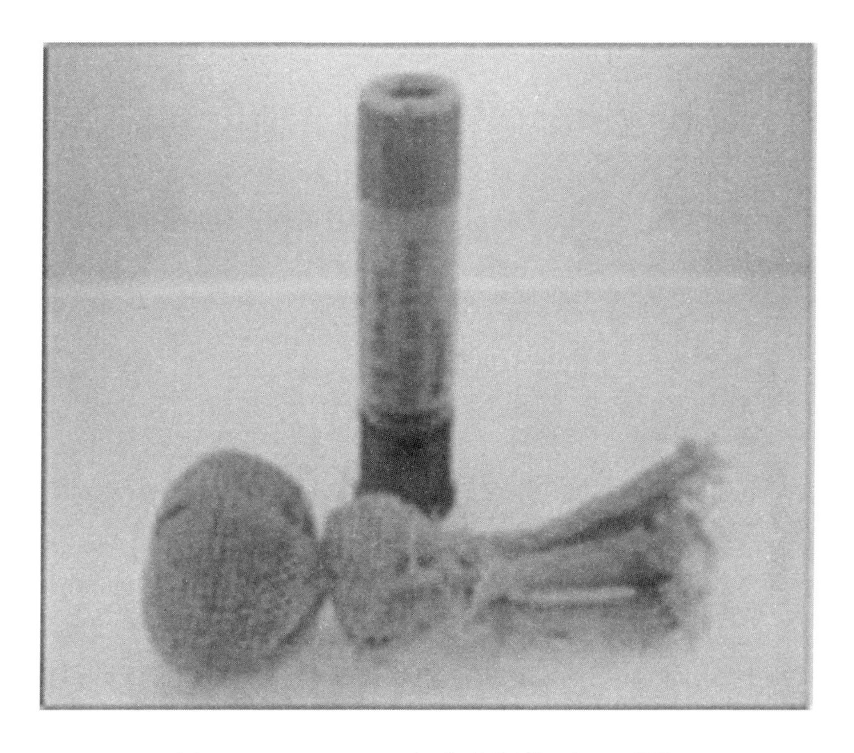

图3　XM1116 12口径非致命增程标记弹药

在研的反物质物理类非致命性武器与系统主要包括预先安装式电子车辆拦截器、带有远程部署装置的车辆轻型拦截装置单网解决方案、船只拦截阻塞技术等。其中，预先安装式电子车辆拦截器旨在阻止和禁用车辆。这项技术有可能支持多种任务，包括部队保护、车辆检查站行动。该技术旨在减缓或阻止车辆动力，或与障碍物或纠缠系统一起使用，以阻止车辆。该系统是一个预置的、非侵入性的装置，通过部署的触点提供一个电脉冲以关闭动力系统的电路或部件。

另外，船只拦截阻塞技术旨在实现阻止小船的非致命能力，如螺旋桨纠缠系统，有多种任务应用，包括港湾安全、部队保护、船只追捕/拦截。该装置是一种改进的螺旋桨缠绕器，对小型螺旋桨驱动的船只有更稳定的拦截率。目前，该装置由压缩空气枪发射（图4）。

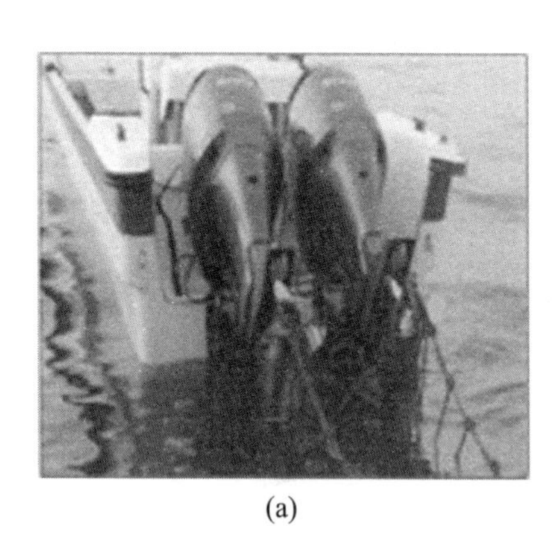
(a)

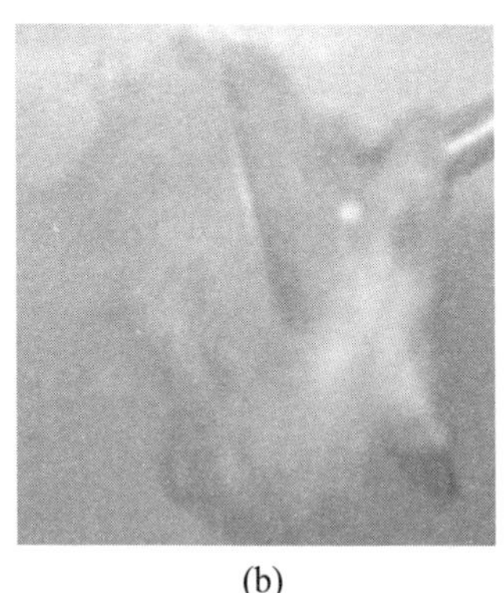
(b)

图4　船只拦截技术

（二）北约其他国家

北约其他国家对非致命性武器的兴趣始于20世纪90年代中期；先后成立了欧洲非致命性武器工作组（European Working Group on Non－Lethal Weapons，EWG－NLW），并向所有在非致命性武器领域工作的欧洲组织开放。北约非致命性武器联合能力小组（The Joint Non Lethal Weapons Capabilities Group，JNLWCG）是一个由大约20名专家组成的常设小组，目前向奥地利、芬兰、瑞典、瑞士、澳大利亚、韩国、日本和新加坡等合作伙伴开放。该小组是北约陆军军备组（NATO Army Armaments Group，NAAG）及军备材料组（Materiel Armament Groups，MAG）所有与非致命性武器能力相关活动的协调中心。JNLWCG负责整个军事行动和作战环境中的非致命武器能力发展，主要是通过各国非致命性武器活动的信息交流实现非致命性武器的标准化，支持与非致命性武器有关的理论发展保障行动，以及确定或促进合作活动。

1. 英国

英国的非致命性武器发展在欧洲一直处于领先地位。为促进本国非致命性武器的发展，英国一直积极寻求与其他国家合作，特别是英国与美国军方和科研机构陆续开展了多项合作业务。

近30年来，英国先后研制、装备了几十种物理类非致命性武器。其中，以1吉瓦微波弹、L21A1橡皮子弹（图5）、舰载激光致盲武器、SMU100激光致眩器、“阿尔文”37压制性手枪等最具代表性。

图5　L21A1橡皮子弹

英国在高功率微波源的脉冲缩短和爆炸驱动方面的成就卓著，如利用爆炸磁压缩发生器与特种行波管研制的1吉瓦微波弹。该炸弹释放的电磁波威力不亚于核爆炸，能够在十亿分之一秒内放射出数十亿瓦威力的电波。

而后，英国研制了可供油轮、运货船等商船对抗海盗袭击的非致命激光器、SMU－100型激光眩目枪、射频系统 Safe Stop 等。

2021 年 9 月 14 日，英国国防部宣布已将 3 项定向能武器演示验证合同授予英国工业团队，总金额为 7250 万英镑（1 亿美元）。其中两个演示合同将使用激光武器，另外一个演示项目将使用一种射频武器。英国国防部称，将在英国皇家海军 23 型舰艇、1 辆卡车和 1 辆装甲车上演示这些定向能系统，计划 2023 年开始、2025 年完成。英国泰雷兹公司领导一个包括 BAE 系统公司、Chess Dynamics 公司、Vision4CE 公司和 IPG 公司在内的联合小组，为 23 型护卫舰上的用户实验提供激光武器演示器。

英国泰雷兹公司还将牵头联合 QinetiQ、Teledyne e2v 和 Horiba Mira 公司，在 MAN SV 卡车上安装高功率无线电频率演示系统，参加英国陆军领导的长达 6 个月的试验验证。雷声英国公司旗下的 Frazier Nash 咨询公司、NP 航空航天公司、LumOptica 和雷声技术公司等在“猎狼犬”装甲车上安装了激光演示器，用于对抗无人机和其他空中威胁（图 6），也完成了上述英国陆军组织的验证试验。

2. 其他国家

近年来，其他北约国家不断开发研制出新型物理类非致命性武器。比利时Fabrique Nationale 公司设计和生产的 FN－303 非致命性发射系统（霰弹枪）是目前世界上广泛装备、最为典型的非致命动能武器，属于半自动非致命弹药发射器（图 7）。FN－303 非致命性发射系统旨在阻止个人进入或离开一个区域，或针对在一个区域内移动的个人进行压制。这项技术能够支持多种任务，包括部队保护、限制拘留者行动、人群控制、防御性和进攻性作战行动。FN303 既可警用也可以作为武器安装在突击步枪上使用。

图 6　雷声公司的 Swinton 激光武器

图 7　FN－303 非致命性发射系统

恒量动能系统（Less Lethal 7000）是伯莱塔公司在霰弹枪基础上改装研制出的新型可控初速的防暴枪系统，能够保证在较小的速度变化范围内击中目标，基本实现恒量动能打击的目的（图8）。

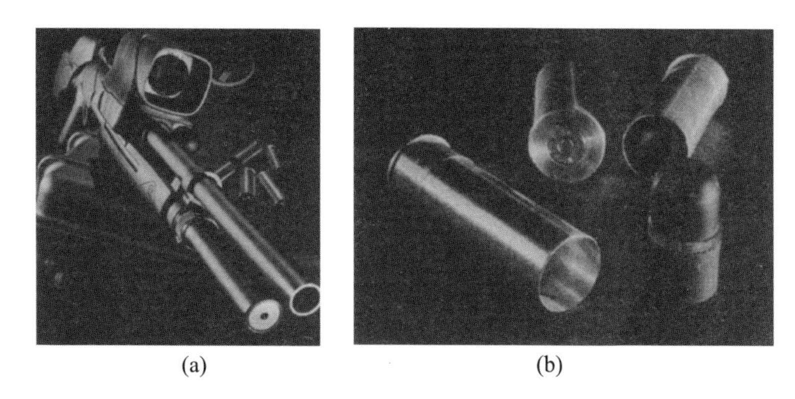

(a) (b)

图8 伯莱塔 LTLX7000 霰弹枪及金属弹壳橡胶弹

挪威 Nammo 国防工业公司开发了 Mk21Mod0 模块化手榴弹。该弹为进攻而设计，能够产生可变化冲击效果并具有多种用途，每个模块都有独立的保险机构，可单独使用，也可两个或三个组合使用，冲击效果更大、碎片更少，可用于掩体、建筑物或战壕等封闭空间或半封闭区域。

德国 Diehl BGT Defence 公司设计制造了高功率电磁（High Power Electro Magnetics，HPEM）效应拒止系统（图9）。该系统已在60多种不同类型的车辆上进行了测试，可在3～15米的距离上使目标车辆停止，成功率超过75%，可用于警察、军队、特种作战部队的任务或重要活动（如奥运会）的安保防卫。

（三）俄罗斯

俄罗斯海军2019年2月开始装备了一种名为 Filin 5P－42 的非致命武器（光干扰系统）。两艘护卫舰 Admiral Gorshkov 和 Admiral Kasatonov 目前各装备了两套系统，能够用高强度的光束暂时致盲敌人，其他影响包括产生幻觉、呕吐、恶心和迷失方向。

图9 高功率电磁效应拒止系统

Filin 5P－42 是为俄罗斯军队和执法部门设计的“基于闪光的非致命性干扰系统”，在低光照条件下通过闪烁刺眼的光束来抑制光学系统，暂时损害敌方设备操作员的视力。Filin 5P－42 可以影响 3.1 英里（5 千米）以外的系统。20% 的自愿测试者报告称，在接触这种武器时，会产生幻觉，看到漂浮的光柱。同时，45% 的人感到头晕、恶心和迷失方向。

2019 年，俄罗斯 Rostec 公司开始针对无人机和机器人开发非致命眩晕武器，以对敌产生动能（创伤）、声音、闪光和刺激的效果。为最大限度提高效率，该公司的开发重点是新型组合弹药，以及能发射各种口径弹药的多功能发射器。

另外，俄罗斯制造的 OSA－4－2 四冲程非致命手枪，属于新一代非致命性武器，是市场上最强大的非致命性武器之一。俄罗斯还开发了气雾弹、信号弹、创伤弹、声光弹和照明弹五种类型的配套弹药。每颗子弹的直径为15.5毫米。它有一个激光瞄准装置，一个新的易握手柄，以及经过修改的控制装置。俄罗斯应用化学研究所开发的无管枪OSA和另外20种俄制非致命武器型号已被列入北约非致命性武器官方目录。

二、国外物理类非致命性武器应用前景

未来物理类非致命性武器的发展主要集中在执法平暴、中间打击、区域拒止3个领域。

（一）执法平暴

诸如催泪瓦斯、胡椒喷雾器、警棍、盾牌、钝性冲击弹药和传导能量武器等执法用的非致命性武器，涉及警察、国土安全和负责稳定、安全和救灾行动的军事单位，以及公共安全部门。它属于非致命性武器的传统应用领域，虽然绝大多数都没有显示出太多高新技术，但丝毫没有影响非致命性武器在这一领域的作用，依然占有主要份额。

未来，钝性冲击弹药，如橡皮子弹，在准确性和安全性方面会进一步改进。电击武器（泰瑟枪）仍是反人员类非致命性武器中最先进、最可靠的代表，可实现完全和基本的瞬间失能效果。非致命性武器将被广泛应用于海上巡逻，常用的有声学警告装置、光学警告/激光炫目器、螺旋桨纠缠器，以及用于登船行动的各种执法和防暴装备。

（二）中间打击

中间打击是所谓的“灰色地带”对抗中非常重要的特征能力。在此类对抗中，行动含糊不清，缺乏明确的归属，或者敌对活动不足以证明武装响应的合理性，从而导致紧张局势升级，但没有跨越战争门槛。中间打击能力可以在各种情况下支持传统手段，特别是当敌方战斗人员与平民

混杂在一起时，比如在城市行动中区分战斗人员和平民对于维持秩序、拯救生命和避免附带损害至关重要，一旦任务失败，将会丧失公众信誉。

目前，中间打击能力的主要方案包括采用紧凑型固态主动拒止系统。固态主动拒止技术能够在几十米处击退敌对或可疑人员，造成难以忍受的疼痛，但在离开光束后立即消失，不会造成任何永久性后果。2021 年年中现有战车上安装了这类主动拒止系统，并完成了系统改装。计划 2023 年将进行武力升级通用遥控武器站的演示验证，即将所有元素都集成在一个系统中，并以套件的形式提供，易于运输、安装和卸载。

一些常见的传统非致命性武器，如闪光手榴弹、声音警告设备和激光炫目等，也可在“灰色地带”情况或保障作战行动中发挥作用，在不危及生命的情况下传达明确无误的信息，控制局势升级。

（三）区域拒止

部署非致命区域拒止装备能够阻止侵略，并为军事人员在模棱两可的情况下提供更充足的决策时间。定向能武器（DEW）被集成到主动拒止系统中，用于区域拒止、周边安全和人群控制，成为区域拒止最佳的解决方案。典型的定向能武器包括电磁脉冲、高功率微波或高能激光，可用来对付武器系统、设施、船舶、车辆和设备，应用范围十分广泛。

电磁脉冲或高功率微波装置可干扰电子电路的正常运行，其典型应用是在检查站或行进中可靠、有效、安全地使车辆或船只的发动机熄火。另外，高能激光武器由于良好的精确性和破坏关键部件的能力和隐蔽、无声、可调整性等关键优势，仍可作为一种非致命性解决方案投入作战，而不必非要摧毁目标或杀人。

三、展望

未来，非致命性武器将不仅仅是一种能为指挥官提供更多解决问题方案的“力量倍增器”，以及常规致命打击能力的必要补充，更是在战略、战役、战术各个层面全方位地为决战决胜提供了一种全新的“中间打击能力”，最终成为一种能单独解决问题的全新手段。

新兴的安全威胁、新兴的作战样式与新兴的科学技术为物理类非致命性武器发展提供了多种可能。今后 20 年，物理类非致命性武器技术将集中在定向能领域，重点研发方向有激光、微波、电磁脉冲武器以及多功能侦打一体武器系统，并将在精度、高度、射程、效能和可靠性等方面得到进一步完善和提升。

（军事科学院防化研究院　朱晓行　李珊）

FULU

附　录

2021 年化生放核防御领域科技发展十大事件

一、美国成功发射新一代高轨核爆监测试验卫星

2021 年 12 月 7 日，美国国防部用“宇宙神”5 型火箭将“空间测试计划”6 号卫星（STPSat－6）送入地球同步静止轨道（图 1）。STPSat－6 搭载了美国国家核安全局的“空间与大气层爆炸报告系统”－3（SABRS－3）和“空间和大气层内核爆炸探测监视实验和降低风险系统”（SENSER）两型核爆监测载荷。其中，SABRS－3 包含光辐射、电磁脉冲、γ 射线等最新型核爆探测装备以及针对太空天气的数据收集设备，能实时监测并定位地球大气层和近空间核爆炸事件；SENSER 则用于配合 SABRS－3 开展相关星地联合测试试验，以验证核爆监测传感器的空间适应性等关键指标。这是美国继 1993 年、1997 年发射低轨道核爆监测试验专用卫星“亚历克西斯 X 射线观测卫星”（ALEXIS）和“瞬态事件卫星”（FORTE）之后，美军在星载核爆监测能力建设方面的又一重大举措。卫星入轨后，可 24 小时不间断监视全球重点、热点区域的大气层和空间核爆炸。与低轨卫星相比，高

轨卫星扩展了核爆监测的空间覆盖范围，大幅提升美核威慑及作战能力。

图1　美国国防部发射新一代高轨核爆监测试验卫星

二、DARPA“西格玛+”项目开发生物探测系统，开展化生放核爆传感器移动平台测试

DARPA“西格玛+”项目于2018年启动，旨在开发由数千个低成本、高性能传感器组成的网络系统，利用数据融合、社交和行为建模等技术，实现对化生放核爆威胁的实时、持续、全谱感知（图2）。2021年6月，DARPA向英国克罗梅克公司授予合同，用于“西格玛+”项目生物威胁探测系统第二阶段的研发。第一阶段取得的关键性成果包括车载生物威胁识别器和小型移动广域生物监测系统。第二阶段采用生物信息学方法提高系统的性能和速度，研制可移动、自动化、联网运行的空气中病原体广谱检测系统。11月，“西格玛+”项目完成了一项为期3个月的传感器移动平台测试。通过将化生放核爆传感器集成到警车中，收集背景数据，绘制都市化生放核爆环境态势图，帮助训练算法，并为改进传感器提供支持，以最

大限度减少误报。这是 DARPA 首次尝试将实验室级传感器技术应用到执法车辆，最终目标是为整个城市或地区的警车、其他公务车辆配备相关设备，形成一个随时在更新的移动网络，以探测、分析、预警大规模杀伤性武器威胁。

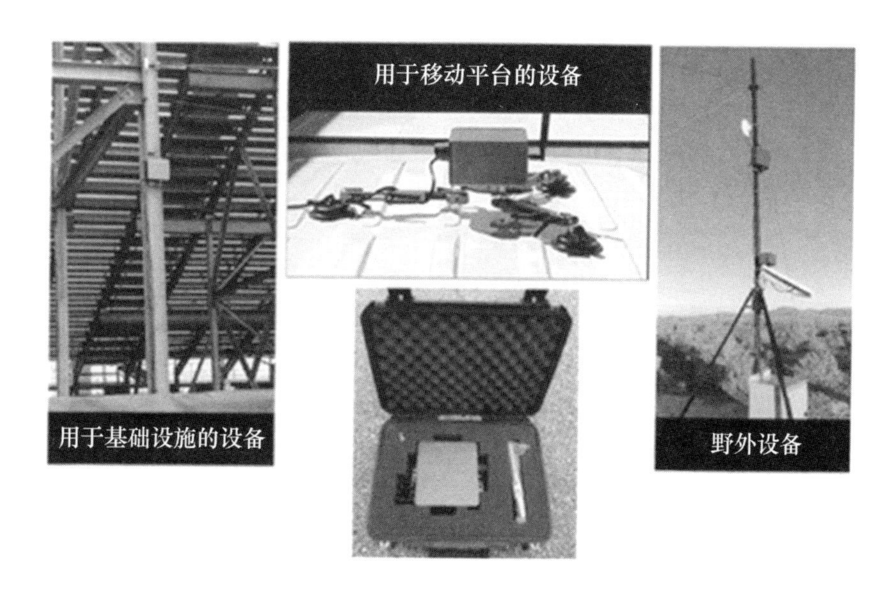

图 2　用于不同场所的传感器

三、DARPA 启动研制“个性化防护生物系统”

新冠疫情大暴发、化学事件此起彼伏，凸显了研制高效能防护装备抵御生物与化学威胁的必要性。2021 年 3 月，DARPA “个性化防护生物系统”项目正式启动（图3），旨在研制一个轻便灵活、能够实时探测并自主消解化生危害的智能防护系统，最大限度提升部队严峻环境下作战能力。该项目主要有两个技术领域：一是开发可阻隔或灭活生化战剂的轻量反应性材料，防止生化战剂接触人体；二是构建人体组织防护屏障，利用化生战剂降解酶、体内共生细菌群、高稳定性生物纳米离子等中和化生战剂。总目标是打造智能防护系统，抵御炭疽杆菌、有机磷化合物、阿片类药物、病毒性出血热、流感等至少 11 种生化威胁。新系统研发成功后将有望解决传统防护装备适用范围窄、笨拙、穿脱时间长等缺陷，为部队提供广谱、速效、持久型防护能力。

图 3　DARPA 启动研制“个性化防护生物系统”

四、人工智能开启药物研发新模式

人工智能技术在药物研发等领域得到广泛应用。2021 年 3 月，美国麻省理工学院的科学家研发了一种新的机器学习算法，可以精确、快速计算药物分子与靶蛋白间的亲和力，速度较以前提升了近 50 倍。4 月，美国脸书公司与德国研究机构合作推出了一款名为成分扰动自动编码器的开源人工智能模型，可以预测不同药物组合的疗效，更快确定最佳治疗方案。同期，德国科学家在《自然·机器智能》刊文称，开发了一种深度学习算法“多组学图形集成”，并用其确定了165个与癌症有关的新基因。5月，瑞典研究人员推出了基于人工智能的生成式深度学习方法，仅需几周时间就能设计出有功能活性的新蛋白质，对于研制抗体、疫苗等基于蛋白质的药物以及工业酶具有重要意义。12月，《科学》发布2021年度十大突破性研究，其中利用人工智能预测蛋白质结构的“阿尔法折叠2”位居榜首（图4）。上述研究为高效率、低成本开发新药和个性化精准医疗开辟了新前景，但如果被恶意利用，也将带来快速发现或按需设计新型毒剂毒物、靶向攻击重要敏感人物等安全风险。

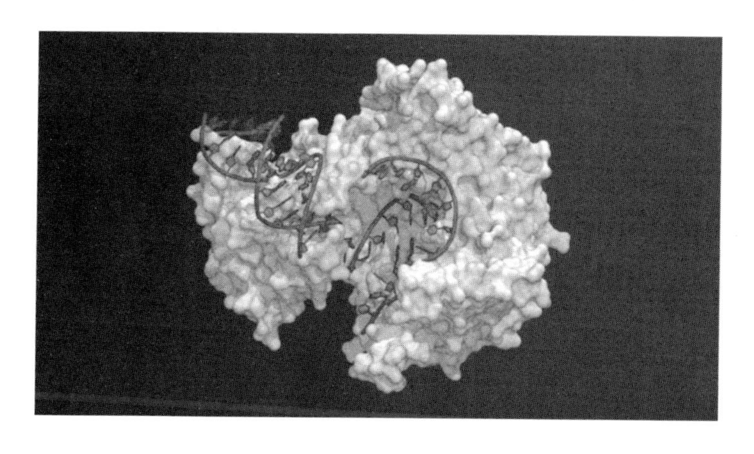

图4　人工智能预测蛋白质结构

五、无人技术助力塑造非接触式侦察处置能力

2021年1月，国际原子能机构发文，新型辐射监测无人机经日本福岛测试验证（图5），可用于探测放射性危害。该机配有辐射探测器、照相机和GPS设备，能够为事发地点、放射性废物存储场等高风险区域测绘三维辐射态势图。监测结果可用于评估辐射风险，为制定适当的清除和管理策

略提供基本信息。同期，英国国防科学技术实验室组织开展了“梅林”全自动机器人危害场景测试。“梅林”由英国国防部和内政部资助开发，通过嵌入人工智能技术，有效提高了区域搜索、危害评估、避障等能力，可在10000 米^{2}的区域内自主执行化学侦察任务。当前，化生放核防御正加速向无人化转型，美各军种纷纷研发和采购无人机、无人车，以应对化生放核爆威胁。在无人系统的协助下，作战或急救人员可以从安全距离感知现场态势，有针对性地采取处置措施，从而降低任务负担和人员伤亡。

图 5　用于辐射监测的新型无人机

六、美国国防部为作战人员研制首款可穿戴化学探测器

2021 年 6 月，美国国防部授予了特利丹 · 菲利尔公司“袖珍型蒸气化学毒剂探测器”（CVCAD）项目合同，为美军研发首款大批量、可穿戴化学探测器（图 6）。该项目计划采用微机电系统和人工智能、机器学习等技术，增强芯片对特定化学物质的特异性响应。为减轻部队负担，新传感器

的尺寸设定为长约 10. 16 厘米、宽约 2. 54 厘米，除人员佩戴外，还能集成到无人飞行系统上进行远程侦察。新型探测器不仅能够监测化学毒剂和有毒工业化学品，还可以检测可燃气体以及贫/富氧情况。目前，美军可穿戴式化学探测器尚属空白。CVCAD 是美国国防部“下一代化学探测器”计划的一部分，研发成功后既可以保证吸入气体的安全性，又能够防范密闭空间内的爆炸风险。

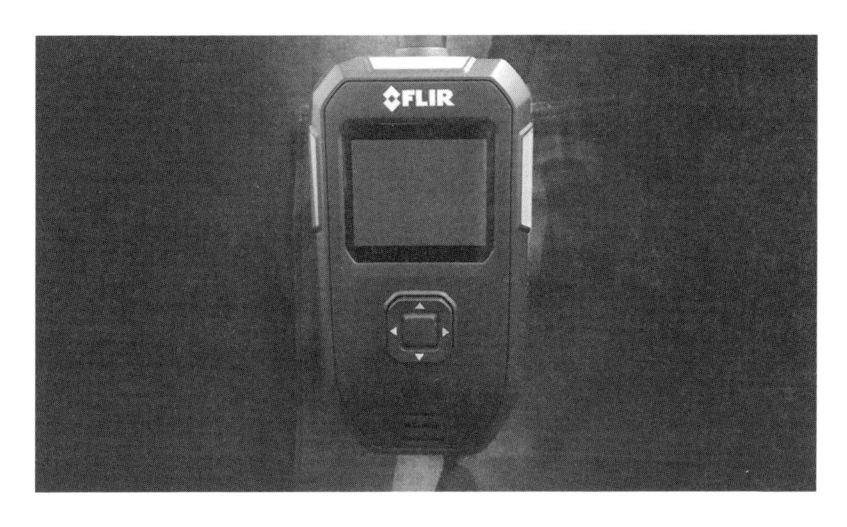

图 6　美军研制可穿戴化学探测器

七、美国陆军研发神经性毒剂早期诊断技术

2021 年 5 月，受糖尿病患者监测其血糖水平相关技术的启发，美国陆军化学防御医学研究所研制了便携式神经性毒剂早期诊断设备“化学危害野战诊断系统”（ChemDx，图 7）。该系统利用电化学检测法，通过测定血液中的乙酰胆碱酯酶的活性水平，确定人员是否沾染了神经性毒剂。作战人员只要刺破手指取一滴血，然后将其置于测试条上，再把测试条插入设

备，就可以在中毒症状显现前做出诊断，不到40秒即可得出结果。目前，团队正在研究将系统扩大应用于检测生物样本中的阿片类药物代谢物，追踪合成阿片类物质接触情况。该技术简易、便携、后勤负担小，可在疑似接触神经性毒剂的情况下，为医务人员和指挥官提供实时的化学危害警报，以便及时采取对策，提高部队生存能力。

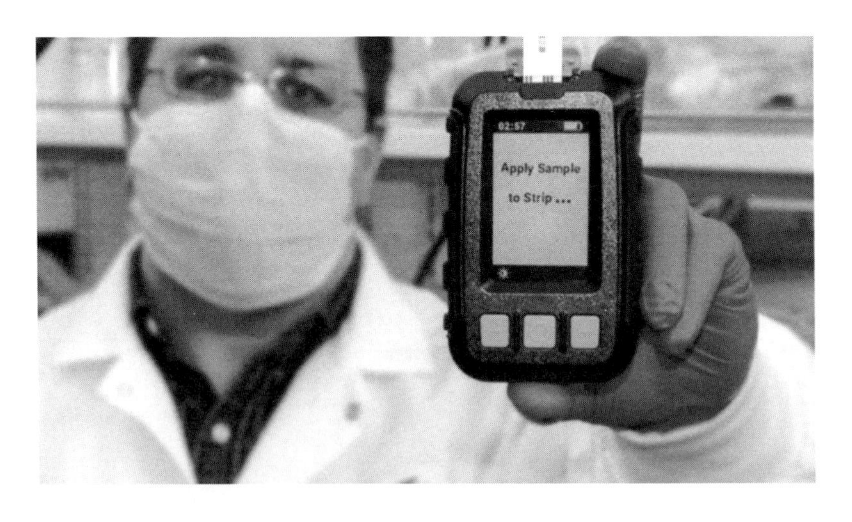

图7　美军研发化学危害野战诊断系统

八、美英发展高灵敏度、高特异性病原体检测技术

2021年2月，美国史密斯探测公司宣布其新型生物识别仪（图8），经美国陆军传染病医学研究所测试，能够在数分钟内检出空气中的低浓度新冠病毒。该识别仪采用适应性免疫原理，以活体B细胞为传感器，具有快速、灵敏、便捷等特点。3月，DARPA与美国佐治亚理工学院签订协议，研发一款可探测空气中新冠病毒的传感器。该传感器采用基于电子学的病原体实时识别技术和石墨烯基生物门控晶体管，未来将装配于交通枢纽、

公共场所等室内环境的通风系统，以降低新冠传播风险。6 月，麻省理工学院和哈佛大学合作研发了一种可检测新冠病毒的口罩。该口罩将无细胞合成生物学与柔性纺织品相结合，通过比色反应或者荧光报告结果，大约 90 分钟就能检测出佩戴者是否感染了新冠病毒。9 月，英国克罗梅克自动病原体扫描仪亮相国际防务展，该扫描仪有 AS、AT 两个型号，AS 可早期识别所有空气传播的病原体，AT 专用于新冠病毒。AT 利用靶向分子检测技术，确认空气中是否存在新冠病毒及其变异毒株，可在感染症状显现前数天预警。相比需要异地实验室处理、周期至少一天的现有检测手段，上述技术更具时间和成本效益，且不会干扰正常的工作和生活秩序，尤其在应对大规模、长时段、触及全员全域的疫情危机时，其价值更显突出。

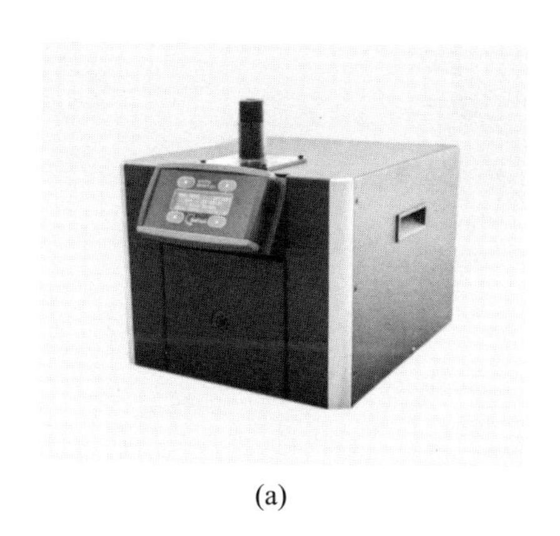

(a)

图 8　美国史密斯探测公司的新型生物识别仪

九、俄罗斯研制兼具防弹功能的头盔式防毒面具

2021 年 8 月，俄罗斯举办“军队 – 2021”国际军事技术论坛暨国际军事比赛。这期间，俄军展出了一款用纳米材料制成的头盔式综合防护装置

（图9），可防御有毒物质、放射性粉尘、生物战剂、子弹、弹片等多种危害。新面具使用三种吸附滤芯应对不同的化生放核威胁，并配有小型空气调节系统，能够保持22℃的恒温。视窗用防护玻璃制成，面具内还配备了对讲机、呼气阀、过滤－吸附元件以及安全饮水装置。各国目前使用的防毒面具过滤器大多位于前侧，而在该款面具中，过滤器被制成扁平圆盘形状，对称分布于耳部两侧，不会对射击造成干扰；同时，模块化设计便于快速更换故障过滤器。新面具具有重量轻、佩戴方便、呼吸顺畅、视野清晰等特点，可满足长时间作战需求，未来有望取代现役的呼吸防护装备。

图9　兼具防弹功能的头盔式防毒面具

十、美军研制出可防御化生威胁的多功能复合织物

2021年10月，受美国国防威胁降低局、国家科学基金会资助，美国西北大学以金属有机骨架材料（MOF）为基础，在其空腔中填充可以消除有

毒化学物质、灭活病毒和细菌的催化剂，然后涂覆在聚酯纤维上，制成了一种新型织物（图 10）。该 MOF/纤维复合材料能够快速杀灭新冠病毒、大肠杆菌、金黄色葡萄球菌；负载的活性氯可高效降解芥子气；其纳米孔径足够大，在消除生化危害的同时，还可以让汗液和水逸出。该材料与生化战剂接触反应后，只需要简单的漂洗处理即能恢复原有功效，现有的工业纺织设备就可以加工制造，具有可重复使用、便于量产等优势，在制作防护服和口罩方面极具应用潜力。

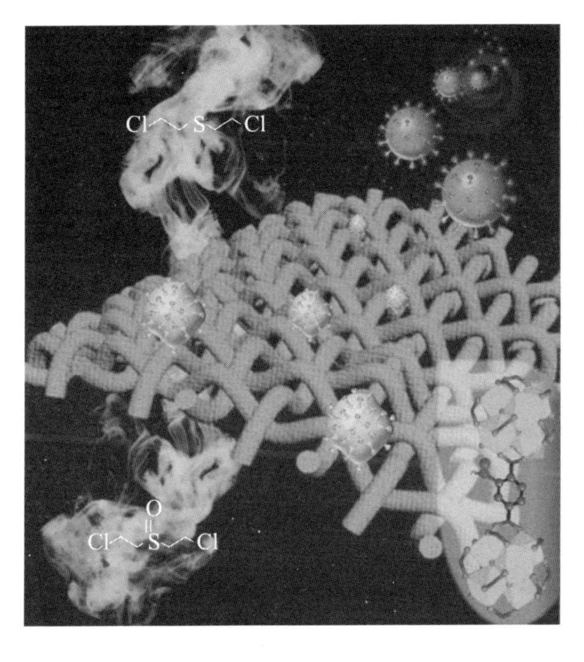

图 10　可有效消除生化威胁的 MOF/纤维复合材料

2021 年化生放核防御领域科技发展大事记

新冠疫情持续蔓延，各国动员科技力量协力抗疫　截至 2021 年 12 月 31 日，新冠肺炎累计确诊 286909361 人，治愈 253250111 人，死亡 33659250 人。世界各国全力开展应急研究，疫苗、药物、检测、防护、洗消等技术均有重大突破。

国际原子能机构测试放射性监测无人机　1 月，国际原子能机构发文称，其研制的新型辐射监测无人机经日本福岛测试验证，可用于探测放射性危害。该机配有辐射探测器、照相机和 GPS 设备，能够为事发地点、放射性废物存储场等高风险区域测绘三维辐射态势图。监测结果可用于评估辐射风险，为制定适当的清除和管理策略提供基本信息。

英国资助研发可自主执行化学侦察任务的机器人　据英国政府网站 1 月 14 日报道，英国负责国防和安全的国防科学与技术实验室的科学家将一款名为“梅林”的机器人成功试用于侦察危害场景。该机器人由英国国防部和内政部资助开发，配备了最新款的化学传感器，并应用嵌入式 AI 解决障碍物识别问题，可在复杂环境中准确靠近目标并定位，使作战人员能够远距离掌握化生威胁环境，活动范围在 10000 $米^2$左右。

美国智库呼吁实施“阿波罗生物防御计划” 1月15日，美国高端智库生物防御两党委员发布《阿波罗生物防御计划：战胜生物威胁》报告，呼吁政府紧急实施“阿波罗生物防御计划”，制定《国家生物防御科技战略》，重点发展疫苗、药物、诊断、监测、抑制传播、新一代防护装备等15项关键技术，建议每年投入100亿美元，力争2030年前结束大流行病威胁时代，消除美国应对生物攻击的脆弱性。

欧盟辐射危害探测项目取得新进展 据推特网2月10日消息，由欧盟资助的“欧洲改进型辐射危害探测与鉴定系统”（European System for Improved Radiological Hazard Detection and Identification，EU－RADION）完成了“传感器集成单元”原型样机的设计开发工作。EU－RADION是欧盟“地平线2020”资助项目，研制周期3年（2020年9月1日至2023年8月31日），总经费约349万欧元；德国、瑞典、波兰、挪威共4个国家的8家单位参研。该系统基于地面无人车蜂群概念，旨在利用机器学习、建模算法和多种检测技术开发新型传感器网络，以评估辐射和放射性物质扩散情况并确认潜在辐射源，帮助应急响应人员提升态势感知能力。

史密斯探测公司研发病原体实时识别技术 2月，美国史密斯探测（Smiths Detection）公司宣布其新型生物气溶胶采集和识别设备——生物识别仪（BioFlash）经美国陆军传染病医学研究所（俗称德特里克堡生物实验室）测试，能够在数分钟内检出空气中的低浓度新冠病毒。随后被俄勒冈、马里兰等多所大学成功试用于校园环境监测。

美国公司推出可杀灭新冠病毒的手持式消毒设备 2月，美国赛尼克斯消毒服务公司宣布推出一款名为“灭活”的手持式消毒设备（DEACTIVATE Handheld Disinfection Device）。它利用大功率LED发射波长270～278纳米的紫外线，能够杀灭包括新冠病毒在内的病原体。经得克萨斯生物医学研究所测试，“灭活”在30秒内对1米范围的新冠病毒、1分钟内对致病性细菌（耐甲氧西林金黄色葡萄球菌，大肠杆菌）、2分钟内对细菌孢子的消杀率达到99%。设备无需预热或冷却，且没有化学残留物，适用于诊室、救护车、驾驶舱、办公室、旅馆、校舍等狭小、密闭、人员流动频繁的场所。

英国公司研制出专用于防御新冠病毒的一体式防护服 2月，英国欧佩克化生放核爆公司发布了一款名为“蝰蛇”-4型的抗病毒一体式轻量防护服，可洗涤30次，舒适度和透气性好，能够有效避免穿戴人员过热和过度出汗。

DARPA启动研发智能生化防护设备 3月，DARPA“个性化防护生物系统”（Personalized Protective Biosystem，PPB）项目正式启动，旨在开发一个低负担、高防护、能够实时自主探测并消解化生危害的智能防御系统，最大限度地提升严峻环境下作战能力。该项目为期5年。2021年，DARPA向三家单位签授了总价值约5530万美元的研发合同。

美军小型移动式核反应堆项目追加经费投入 美国国防部可移动核反应堆项目“贝利计划”于2019年1月启动，计划2022年完成工程设计。预期目标是运行时间至少3年，功率1~5兆瓦，3天部署发电，7天停机搬运，公路、铁路、海上、空中皆能运输。继2020年向BWX先进技术公司、X能源公司分别签授1300万~1500万美元的合同之后，2021年3月美国国防部又追加2790万美元、2870万美元。

美军资助研发下一代化学检测技术 3月，菲利尔系统公司宣布已赢得美国国防部国防威胁降低局一份为期3年、总额800万美元的合同，将联合普渡大学利用尖端的离子迁移谱（IMS）和二维质谱（2D MS/MS）技术研发模块化、便携式化学检测系统。研发成功后，既可以人员佩戴用于近距离化学筛查，也可以搭载在无人平台上使用，还能够嵌入特定场所进行实时监视。该项目旨在为部队提供小型、快速、互联、适用场景更广泛的化学检测和识别工具。

法国研发第三代战略导弹核潜艇 3 月，法国国防部长宣称正式启动第三代战略导弹核潜艇 SNLE－3G 的研发生产，该型潜艇计划建造4 艘，先期将配备改进型 M51 潜射弹道导弹，21 世纪30 年代开始投入使用。

美国陆军出台首部《陆军生物防御战略》 3 月，美国陆军在陆军出版局网站公开其首部《陆军生物防御战略》。该文件旨在为陆军生物防御投资、规划和战备提供战略指导，以期在人为制造与自然发生的生物威胁并存且变化多端的全球作战环境中保持优势。战略指出，美国陆军将通过丰富生物防御相关知识、增强态势感知能力、推进生物防御作战现代化建设、保持战备等途径，为复杂生物威胁环境下的多域作战、大规模作战行动提供支撑。

DARPA 启动研发可探测空气中新冠病毒的传感器 据美国商业资讯网（BUSINESS WIRE）3 月3 日消息，DRAPA SenSARS 项目（“西格玛＋”项目的子课题）与美国佐治亚理工学院签订协议，将研发一款可探测空气中新冠病毒的传感器。该传感器采用佐治亚理工学院基于电子学的病原体实时识别技术和分包商卡尔迪亚生物公司专有的石墨烯基生物门控晶体管，研发成功后可装配于飞机、火车、饭店、办公室、学校、公共交通枢纽等室内环境的通风系统，有望降低新冠传播风险。

美国科学家研究发现新型黑色素可作为天然解毒剂保护皮肤、织物免受毒素和辐射危害 3 月5 日《美国化学会杂志》刊文称，美国西北大学采用内部蚀刻法从真菌细胞中分离制备了中空形状的新型黑色素，并与美国海军研究实验室合作，验证表明该选择性材料能够有效防止神经性毒剂气体模拟物通过。未来有望用于制作制服的透气性防护涂层或防护面具、面罩等装备。

美国国防部、国土安全部资助开展新冠病毒消杀技术评估研究 据“全球生物防御”网站3月11日消息，美国国防部向得克萨斯生物医学研究所签授了两份总额460万美元的合同，用以评估市面上的沸石涂层和低浓度过氧化氢雾化消毒技术在对抗物体表面和空气中新冠病毒及其他呼吸道病原体方面的功效。美国国土安全部资助企业测试纯工业级活性成分和配方活性成分对新冠病毒的消杀效力，验证其替代酒精溶液用作洗手液和物体表面消毒剂的可行性。

英国新版安全与战略评估报告高度关注核生化威胁 3月16日，英国发布安全与战略评估报告——《竞争时代的全球化英国：安全、国防、发展与外交政策评估》，报告认为在打造“全球化英国”征途中，核生化武器及恐怖主义、科技发展等是英国必须重点关切的安全议题。英国宣布核弹头存量的上限将从180枚提高至260枚，并不再公布储备量等数据信息。报告将核生化等大规模杀伤性武器纳入“系统性竞争”范畴，认为核生化武器、先进的常规武器和由新型军事技术扩散带来的冲突和风险正在加剧，此类威胁是促成国际安全环境不断恶化的系统化威胁之一。报告预判2030年前英国“很可能”会遭遇一次真正的化生放核危机。

雅芳防护公司发布新款轻便型CBRN逃生头罩 3月，雅芳防护公司推出一款超薄单一尺寸便携式逃生头罩CH15，可提供至少15分钟的呼吸器官和面部防护。过去十年的经历清楚地表明CBRN威胁形势已经发生了重大变化。如今，大多数事件都毫无先兆，专业用户希望有一款装备可即时防护所有的CBRN物质。在这一新需求的驱动下，CH15应运而生。据称，这是雅芳防护公司迄今为止研制的最轻便的CBRN防护设备，便于军队、急救人员等快速部署和使用。

美军发布新版化生放核侦察监视条令 4月1日，美国陆军新版《多军种战术、技术与规程之化生放核侦察和监视》（Multi－Service Tactics，Techniques，and Proceduresfor Chemical，Biological，Radiological，and Nuclear Reconnaissance and Surveillance）正式生效，将取代2013年3月25日版及其2017年4月11日的修订版。新条令为化生放核侦察监视的计划、准备和实施提供了基本的战术、技术和规程。该出版物主要适用于战术级化生放核侦察监视，包括和平时期的军事交往、安保合作和威慑、大规模作战行动等。

DARPA投资研发可按需生产疫苗的设备 4月27日，法国DNA脚本（DNA Script）公司宣布与美国莫德纳公司（Moderna Inc.）合作，为DARPA“按照全球所需生产核酸”（Nucleic Acids On－Demand World－Wide，NOW）项目开发可快速、机动制造疫苗的设备，研制经费500万美元。DARPA NOW旨在开发一款移动式实时应急医疗用品制造平台，用于快速诊断病原体威胁、拟定医疗对策、生产高质量核酸（包括mRNA）疫苗，力求即时响应，从而有效预防疾病大流行，保护部队和当地民众免受伤害。初步设想是研制一个1.8米×1.8米×1.8米的容器，能够在几天内造出数百剂疫苗，并可部署到偏远地区。

美国国会预算办公室发布2021—2030年核预算 5月24日，美国国会预算办公室发布最新核预算，估测2021—2030年美国核计划将耗资6340亿美元，其中，国防部和能源部的预算经费为5500亿美元。5500亿美元主要用于以下项目：①战略核运载系统与弹头（2970亿美元）；②战术核运载系统与弹头（170亿美元）；③能源部核武器实验室及其辅助活动（1420亿美元）；④国防部指挥、控制、通信与预警系统（940亿美元）。此次预算较此前10年增长1400亿美元（28%），增加部分主要用于美国国防部和能源部的生产设施现代化计划，包括建造和维护弹道导弹潜艇、洲际弹道导弹、轰炸机、新型海上发射巡航导弹、天基持久红外系统和新型预警卫星系统等。美国国防部“指挥、控制、通信和预警系统”中核监测方面 10 年总经费高达 940 亿美元。

美国陆军研制神经性毒剂早期诊断技术 5 月，美国陆军化学防御医学研究所研制出便携式神经性毒剂早期诊断设备“化学危害野战诊断系统”(ChemDx Test System)。该系统可在中毒症状显现前做出诊断，不到 40 秒即可得出结果，适用于疑似神经性毒剂接触等情况，有助于提高部队生存能力。

美国 BioFlyte 公司推出可监测空气中新冠病毒的探测器 5 月，美国 BioFlyte 公司发布便携式哨兵新冠病毒探测系统（Sentinel Airborne COVID – 19 Detection System)，可实时监控空气中的冠状病毒和其他呼吸道病原体。该设备由生物捕获 z720 手持式空气采样器和影像阵列聚合酶链式反应样品分析系统组成；能够以 200 升/分钟的高流速采集空气样本，60 分钟内完成检测，相比需要异地实验室处理、周期至少一天的现有检测手段更具时间和成本效益。未来可能会部署应用于海上、工业场所和住宅区的安全防护。

美军测试新式空勤人员面具 5 月，美国空军组织对战略飞机用联合军种空勤人员面具（Joint Service Aircrew Mask for Strategic Aircraft，JSAM SA）进行了测试。该面具可为战略飞机机组人员提供呼吸道、眼睛和皮肤防护，能够抵御化生放核、有毒工业化学品等多种危害，由雅芳防护公司于 2013 年启动研制。测试历时 8 天，评估了面具在各种情况下的有效性。新款面具由头盔和面罩组成，据称，舒适度、兼容性更高，且易于维护，不会对行动造成干扰，使作战人员在化生放核环境中仍能保持战斗力。

美国国防部测试升级版 CBRN 空勤防护服 4 月至 6 月，美国国防部对新型制式综合防护装具（new Uniform Integrated Protective Ensemble，UIPE）的空勤系统进行了测试。空勤 UIPE 是一个分层分体式服装系统，包括手套、防毒面具、两件式碳基防护内衣等组件，可保护机组人员免受化生放核危害。相较于现役的生化防护飞行服，新系统采用选择性渗透材料，可使水汽溢出，有效降低了热负荷或热损伤，且重量更轻、灵活度更高、贴合感更强，机组人员能够更长时间穿着。未来新系统将被部署到陆军、海军、空军、海军陆战队所有空勤人员，取代即将退出现役的 66P 系统。据称，仅美国空军需要编配的系统就超过 8 万套。预期目标是 2024 财年第二季度前完成系统验证并开始列装。

《SIPRI 年鉴 2021：军备、裁军和国际安全》评估全球核军备情况 6 月14 日，瑞典斯德哥尔摩国际和平研究所发布《SIPRI 年鉴 2021：军备、裁军和国际安全》（简称《年鉴》）。《年鉴》称，美国、俄罗斯、英国、法国、中国、印度、巴基斯坦、以色列和朝鲜 9 个拥有核武器的国家在 2021 年初估计总共拥有 13080 枚核武器，比 2020 年初公布的 13400 枚略有减少。尽管总数有所减少，但部署在作战部队中的核武器数量已从 2020 年的 3720 件增加到 3825 件，其中大约 2000 件处于高度警戒状态，几乎所有这些核武器都属于俄罗斯与美国。

美国国土安全部首笔 650 万美元订单采购新型背包式辐射探测器 6 月 2 日，美国特利丹·菲利尔公司宣布推出新型背包式辐射探测设备“识别器 R700”（identiFINDER R700），并宣称已拿到美国国土安全部首笔总计 650 万美元的订单，9 个月内交付，5 月份已开始发货。R700 是在业界普遍认可的“识别器 R400”（identiFINDER R400，据称是世界上应用最广泛的手持式放射性同位素识别装置，全球部署已超过 20000 台）的基础上改进研发的，采用更先进的光谱算法和探测技术，能够以更高的灵敏度和速度进行广域辐射监测。报警时间短则数秒长则几分钟；既可以背包形式在大型集会、交通枢纽或公共活动中悄无声息地搜寻、识别、追踪大面积放射性威胁，也可作为固定设备用于检查站的临时定点检测。该探测器获评美国2021年度“阿斯特”国土安全奖。

美国国防部签授合同为作战人员研发首款可穿戴化学探测器 6月14日，美国特利丹·菲利尔公司宣布已从五角大楼“袖珍型蒸气化学毒剂探测器”（Compact Vapor Chemical Agent Detector，CVCAD）项目赢得了一份为期五年的合同，将为美军研发首款大批量、可穿戴化学探测器，并已拿到400万美元的启动资金。

美军投资1900万美元开展CBRN徒步侦察装备升级研究 6月23日，特利丹·菲利尔公司宣布已从美国国防部化生放核防御联合项目执行办公室拿到了一份为期30个月、价值1900万美元的合同，将对美军徒步侦察套件、工具箱和配套装备（Dismounted Reconnaissance Sets Kits and Outfits，DR SKO）进行现代化改造。DR SKO由手持或便携式检测器组成，可探测和识别挥发性有机化合物、有毒工业化学品及材料、化学毒剂、生物战剂、氧气含量、可燃气体等，主要用于执行徒步侦察和监视以及车辆无法通行的封闭或受限场地的CBRN评估任务。据称，此次升级研发将通过构建战术传感器自组织网络增强作战人员和指挥员的战场态势感知能力，同时还将在模块化以及降低后勤负担方面有新突破，以协助美军在未来涉及大规模杀伤性武器的冲突中赢得胜利。

俄罗斯国防部研制口香糖型新冠疫苗 据俄罗斯卫星通讯社6月18日消息，俄罗斯国防部第48中央科研所正在研发可预防新冠病毒的咀嚼式口香糖疫苗。该所所长谢尔盖·鲍里塞维奇透露，早在1990年该所就研制出一种可咀嚼的片剂疫苗，最近又试图在这项技术上寻求新突破以应对新冠疫情；并强调，这是一种完全不同于任何现用疫苗的新型疫苗，如果后续经临床实验验证质量可靠，将可能转为民用。该所曾开发了片剂胚胎疫苗“2018年泰奥瓦克”，2020年还联合研制出全球首款注册新冠疫苗“卫星”-V。另有消息称，俄罗斯还在开发一种发酵乳制品（酸奶）形式的冠状病毒疫苗。

美国科学家研制出可检测新冠病毒的口罩 受美国国防威胁降低局资助，麻省理工学院和哈佛大学的科学家将合成生物学与柔性纺织品结合，联合开发了一款诊断型口罩，该口罩嵌有可对小分子、核酸、生物毒素等进行检测的生物传感器，激活后大约90分钟内就能检测出佩戴者是否感染了新冠病毒。相关研究已于6月28日在《自然·生物技术》（Nature Biotechnology）上刊发。

日本研制出抗病毒涂料 7月，日本立邦涂料控股株式会社宣布与东京大学联合开发了一种抗病毒纳米光催化剂，并利用该催化剂制备出高性能涂料和喷雾剂，测试表明能够有效抑制新冠病毒及其阿尔法变种；未来可喷涂在墙壁、家具、门把手、扶手、开关、电子设备等物体表面以降低感染风险。

核生化防护装备研发成为俄罗斯国际军事技术论坛亮点 8月23日至28日，俄罗斯在“军队-2021”国际军事技术论坛暨国际军事比赛期间展出了一款用纳米材料制成兼具防弹功能的头盔式综合防护装置，可防御有毒物质、放射性粉尘、生物战剂、子弹、弹片等多种危害。在“从北极极端气候条件下的使用情况看核生化防护新技术应用前景”圆桌会议上，一篇题为“从‘白熊-2021’北极探测活动中辐射化学侦察监测装备实测经验看核生化防护装备保障的现代化方向”的报告引发热议，获评国际军事技术论坛优秀报告。文章认为未来辐射化学侦察装备应满足通用性、应用领域的广泛性、气候条件的适应性、使用的方便性以及超长的电池寿命等基本要求。

英国 BAE 系统公司研发防护头罩协助医护人员抗击新冠疫情 8 月，英国 BAE 系统公司负责潜艇业务的工程师牵头研制了一款适用于所有脸型和尺寸的医用头罩，协助医护人员抗击新冠疫情。该头罩采用带有特殊降噪功能的新型空气歧管系统，能够提供连续的清洁过滤空气，其大尺寸全脸型面板可显著降低“雾化”，视野更为清晰开阔，有助于改进医护人员和患者之间的沟通交流。在研制过程中，研究人员使用 3D 打印技术加速进度并降低了成本，从概念到样品仅用时 11 个月。据称，该头罩价格低廉、舒适度好、易于清洁、能够重复使用，被认为是一款改变游戏规则的个人防护装备。

英国手持式辐射探测器、自动病原体扫描仪亮相国际防务展 9 月 14 日至 17 日，在英国伦敦国际防务展（DSEI 2021）上，克罗梅克公司展出了其新研的 D5 手持式放射性同位素识别设备（Hand-held Radioisotope Identification Device，RIID）和克罗梅克自动病原体扫描仪（Kromek Automated Pathogen Scanner，KAPScan）。克罗梅克自动病原体扫描仪共有 AS、AT 两个型号。AT 专用于识别新冠病毒，60 分钟出结果，每隔 30 分钟自动报告，室内、户外、静止、移动状态下均能连续或按需运行。D5 由克罗梅克公司与 DARPA、美国国防威胁降低局、国土安全部联合开发，主要用于探测脏弹、特种核材料等放射性危害；内置有范围广、可扩展的放射性同位素库，其辐射算法经橡树岭等美国国家实验室验证，误报率低；质量仅 660 克，电池续航时间超过 24 小时，能够连续扫描并实时联网传输探测结果；据称是目前可用的最小、最轻、最准确的可穿戴辐射探测器。美国已采购 2000 余台，部署在肯尼迪国际机场、世界贸易中心等多地。2021 年夏天，D5 还参加了美国“爱国者”（Patriot）、“印第安首领”（Indian Head）等多边军事演习，模拟应对放射性威胁。

澳美英三方安全伙伴关系加剧核扩散与军备竞赛 9 月 16 日，澳大利亚与英国和美国建立“澳大利亚－英国和美国联盟”（AUKUS）。根据该三边安全协议，美英将协助澳大利亚建造至少 8 艘核动力潜艇，首批 2036 年服役。此外，美国还将协助澳大利亚开发高超声速武器。11 月 22 日，澳大利亚国防部长彼得·达顿与英国和美国外交官签署《海军核动力信息交换协议》，三国将相互交换“关于海军核动力的信息”。这是美英首次与第三国分享其核潜艇机密。国际社会普遍担心此举将改变南太平洋无核化形势，加剧南亚和太平洋地区的军备竞赛的风险，促使部分无核国家效仿跟进，从而严重损害《不扩散核武器条约》（NPT）的权威与效用。

德军升级“狐式”核生化侦察车 据简氏防务新闻 9 月 24 日消息，德国联邦国防军与莱茵金属公司签订合同，将 5 辆“狐式”1A6A1 核生化侦察车升级为防护性能更高的 A8A7 配置，首辆车 2023 年交付，其余 2024 年 7 月完成。据悉，此次升级主要是增强车辆的防弹防雷性能、加装 FLW200 遥控武器站、对核化侦察装备进行现代化改造、更新数据处理和通信系统软件等。

美军资助研发可有效防御生化威胁的多功能复合织物 据美国西北大学 2021 年 10 月消息，受美国陆军研究办公室、国防威胁降低局、国家科学基金会资助，美国西北大学制成了一款 MOF/纤维复合材料，能够快速杀灭新冠病毒、大肠杆菌、金黄色葡萄球菌，并可高效降解芥子气，在制作防护服和口罩方面极具应用潜力。

美军开展生物威胁检测技术按需快速生成研究 据全球生物防御新闻网 10 月 8 日消息，美国陆军作战能力发展司令部化学生物中心（DEVCOM

-CBC）正在实施一项名为“拨号威胁”（Dial-a-Threat，DaT）的项目，旨在利用合成生物学方法快速研发高适应性、高保真度、简单易用型生物检测技术，可在严峻或资源有限环境中使用，以最大限度降低对冷链供应的依赖。

DARPA 开展新型烟幕技术研究 10 月21 日，DARPA 发布“编码能见度”项目（Coded Visibility program），旨在开发可定制、可调控、无毒副作用的新型遮蔽物，在保持己方视野的同时抑制敌视觉、红外等侦察检测装备的能见度，形成单向透视玻璃效果，从而在战场上建立不对称优势。

DARPA“西格玛+”项目在警车上测试 CBRNE 传感器 11 月5 日，DARPA“西格玛+”项目宣布与印第安纳波利斯大都会警察局合作，完成了一项为期3 个月的传感器试点研究和现场测试。主要是将 CBRNE（化学、生物、放射、核、高爆）传感器集成到警车中，收集都市环境数据。这些数据会被用于绘制市区自然形成的化学和生物背景，为改进传感器和算法提供支持，以最大限度减少误报。据称，这是 DARPA 首次尝试将尖端传感器技术应用到执法车辆，警员可以通过平板电脑实时接收 CBRNE 信息。

俄罗斯国防部研制出对新冠肺炎有明显疗效的生物活性添加剂 据11 月12 日《俄罗斯报》网站报道，俄罗斯国防部第27 科研中心研发了一种防治新冠病毒的生物活性添加剂，并于11 月初完成了国家注册。俄罗斯三防兵主任局局长伊戈尔·基里洛夫在接受采访时透露，该添加剂的主要成分有山楸梅提取物、紫锥菊、岩藻多糖、太平洋鱿鱼水解物和其他可增强人体抗病毒能力的天然物质；经临床试验证实，患者在使用该添加剂后，第二天鼻咽部的病毒数量降低了50%，第六天病毒浓度下降至1/16，并发症减少，病情显著好转。

美国成功发射新一代高轨核爆监测试验卫星 12 月7 日，美国国防部用“宇宙神”5型火箭将“空间测试计划”6号卫星（STPSat－6）送入地球同步静止轨道。这是美国继1993年、1997年发射低轨道核爆监测试验专用卫星“亚历克西斯X射线观测卫星”和“瞬态事件卫星”之后，美军在星载核爆监测能力建设方面的又一重大举措。卫星入轨后，可24小时不间断监视全球重点、热点区域的大气层和空间核爆炸。与低轨卫星相比，高轨卫星扩展了核爆监测的空间覆盖范围，大幅提升美核威慑及作战能力。

美军斥资研发基于增强现实技术、可实时直观显示化生放核危害的辅助决策软件 12月7日，美国国防部国防威胁降低局与特利丹·菲利尔公司签订了一份价值1570万美元的合同，将资助开发一款基于增强现实和3D投影技术、可自动绘制化生放核态势图的软件。未来，作战人员可以在防区外遥控无人机或无人车进入危险地域，利用其搭载的传感器检测化学、生物、放射性和核威胁。传感器捕获到的数据将会叠加显示在实景地图上，从而实现化生放核危害性质、位置等具体信息的可视化，以便部队更好地规划和执行作战任务。研发成功后，该软件将集成到美军手机或平板电脑的“战术攻击工具包”应用程序中。通过信息共享，后续部队无需携带传感器就能够直观掌握前线化生放核威胁情况，将有助于增强指挥官的决策能力并降低人员伤亡。

美国国防部采购无人气体探测仪 菲利尔系统公司（2021年1月被特利丹技术公司收购，更名为特利丹·菲利尔公司）宣布已从美国武装部队获得了7000多万美元的订单，购买其新推出的MUVE C360多种气体探测无人系统。该系统配有光电离检测器和电化学传感器，能够实时连续监测有毒和可燃气体。人员可以操作该无人机进入目标区域，远程监测受袭情况和空气环境，指导现场救援人员选择最合适的个人防护设备以开展后续工作。MUVE C360曾赢得2019ASTORS国土安全铂金奖，被评为“最佳

CBRNE 探测解决方案”。

人工智能开启药物研发新模式 人工智能技术在药物研发等领域得到广泛应用。3 月，美国麻省理工学院的科学家研发了一种新的机器学习算法，可以精确、快速计算药物分子与靶蛋白间的亲和力。5 月，瑞典研究人员推出了基于人工智能的生成式深度学习方法，仅需几周时间就能设计出有功能活性的新蛋白质，对于研制抗体、疫苗等基于蛋白质的药物以及工业酶具有重要意义。12 月，《科学》发布 2021 年度十大突破性研究，其中利用人工智能预测蛋白质结构的“阿尔法折叠 2”位居榜首。

2021 年化生放核防御领域重要战略政策

文件名称	美国《陆军生物防御战略》		
发布时间	2021 年 3 月	发布机构	美国陆军
内容概要	《战略》旨在为美国陆军生物防御投资、规划和战备提供指导，以期在生物威胁环境中保持作战优势。《战略》明确了 4 个努力方向：扩展科学、医疗、作战方面的生物防御知识；增强态势感知能力；推进生物防御政策、概念、理论、研发和结构现代化；保持战备		

2021 年化生放核防御领域重大项目

项目名称	主管机构	项目基本情况	研究进展	军事影响
个性化防护生物系统	DARPA	该项目旨在研制一个轻便灵活、能够实时探测并自主消解化生危害的智能防护系统，最大限度提升严峻环境下作战能力。主要有两个技术领域：一是开发可阻隔或灭活生化战剂的轻量反应性材料，防止生化战剂接触人体；二是构建人体组织防护屏障，利用化生战剂降解酶、体内共生细菌群、高稳定性生物纳米离子等降解化生战剂。总目标是打造智能防护系统，抵御炭疽杆菌、有机磷化合物、阿片类药物、病毒性出血热、流感等至少 11 种生化威胁	该项目为期 5 年，分为 3 个阶段：第一阶段是材料和技术研发（2 年）；第二阶段是集成（2 年）；第三阶段是人体测试（1 年）。2021 年，DARPA 向 3 家单位签授了总价值约 5530 万美元的研发合同	新系统研发成功后将有望解决传统防护装备适用范围窄、笨拙、穿脱时间长等缺陷，为部队提供广谱、速效、持久型生化防护能力，从而使美军在未来涉及生化威胁的作战或救援行动中享有更大优势